알기쉬운

운전이론 I

운전이론개요·운전역학·동력차의 특성과 견인력 성능

원제무 · 서은영

박영사

머리말

　우리나라의 20세기를 자동차의 시대라 불렀다면, 21세기는 철도의 시대라고 할 수 있을 것이다. 우리의 삶은 철도와 같은 교통수단에 의해 이루어져 왔다. 특히 자본주의 등장 이후 급속히 진행된 산업화와 도시화 과정은 경제와 공간구조의 변화뿐 아니라 이에 상응하는 새로운 철도 노선과 철도시스템을 만들어 내었다. 오늘날 철도는 다양한 역할을 수행하면서, 국가경제 발전과정에 크게 기여를 했을 뿐 아니라, 이를 통해 철도 자체의 기술발전을 이끌어왔다.

　2000년대 들어와 본격적으로 철도시대로 전환하고 있는 징후들이 여러 측면에서 나타나고 있다. 고속철도(KTX)의 개통으로 우리의 삶이 1일 생활권으로 바뀌고 있으며, 주요 광역급행철도가 구축되면서 철도가 대중교통수단의 총아로서 자리매김하고 있다. 편리하고 안전한 철도에 대한 국민들의 욕구와 열망이 우리가 철도 시대에 깊숙이 들어와 살고 있음을 알려주고 있다.

　이처럼 철도의 역할이 커짐에 따라 철도관련 이론, 기법, 방법 등이 보다 과학화, 실용화, 전문화되어가고 있는추세이다. 기존의 방법론과 연구성과를 토대로 새로운 학문적 접근방법의 접목이 요구되는 시기이다. 이같은 관점에서 운전이론 역시 새로운 관점에서 재조명 해 볼 시기가 온 것 같다.

우선 운전이론은 철도의 사명을 충족시키기 위한 이론적인 틀을 제공한다. 철도가 왜 탄생했는지 보자. 한꺼번에 수많은 승객과 대규모 화물을 사람들이 원하는 목적지로 실어 나르고자 하는 욕망이 철도라는 교통수단을 발명해 내는 동기가 된 것이다.

철도가 대중교통수단으로 자리를 잡게 되자 철도운영자나 이용객들은 철도가 승객과 화물을 안전하고 신속하게, 그리고 경제적으로 수송해야 한다는 일종의 사명감을 철도에게 부여하기 시작한다. 그래서 철도는 이러한 사명 속에서 운행되고 있다고 보아도 과언이 아닐 것이다. 안전하고 신속하게, 그리고 경제적으로 수송해야 한다는 철도의 사명(목적)을 충실히 수행하려면 이를 이론적으로 뒷받침할 수 있는 이론과 방법이 필요한 것이다. 이게 바로 운전이론이다.

기업은 소비자가 원하는 상품과 서비스를 제공하기 위해 생산계획을 세우고 이 계획에 따라 제품과 서비스를 만들어 낸다. 이 같은 맥락에서 철도운영자도 교통수요자가 원하는 교통서비스를 제공하기 위해 열차를 얼마만큼 빠른 속도로 몇 회 운행할 것인지에 대한 운전계획을 세워야 한다. 이 운전계획을 수립할 때에는 먼저 열차를 이용할 승객은 얼마나 있으며 이 승객들을 안전하고 신속하게 수송하기 위해서는 열차가 얼마나 필요한지를 구체적이고 과학적으로 분석하여 운전계획을 수립하지 않으면 안 된다.

이와 동시에 이같은 철도의 사명을 충족시키고 이용자들에게 효과적인 철도서비스를 제공하기 위해서는 철도운영자뿐만 아니라 기관사의 역할이 무엇보다도 중요하게 된다. 철도의 이처럼 중요한 역할을 수행하기 위해 기관사는 어떤 지식과 기술로 무장되어 있어야 할까? 이 점이 운전이론이 나온 또 하나의 배경이라고 할 수 있다.

기관사가 운전에 관련된 제반 이론을 모르면 안전, 신속, 경제적인 철도운전이 가능하지 못할 것이다. 예컨대 열차의 견인력, 저항, 제동 등이 어떤 이론적 배경 속에서 작동이 되는지 모른다면 기관사가 열차를 안전, 신속, 경제적으로 운전할 수 있을까?

이러한 관점에서 운전이론이 어떻게 활용되는지를 살펴보자.
① 열차를 합리적이고 경제적으로 운행하기 위한 운전기술에 관한 기초이론이다.
② 열차를 합리적·경제적으로 운행하기 위한 운전기술에 관한 기초이론이다.
③ 동력차를 운전하는 기관사가 어떻게 기기 조작을 해야 가·감속 및 제동을 하는 데 합리적이고 경제적인가에 대한 이론적 배경을 제공한다.

④ 열차 다이아 작성 등 어떻게 운전계획을 수립하여야 합리적·효율적인가에 대한 이론이다.

⑤ 운전분야에만 적용되는 것이 아니라 차량의 설계·제작, 선로·신호·통신·전기시설물의 부설 등 철도의 타 분야에도 이론을 제공한다.

이 책의 서두에서는 의의와 범위를 살펴본다. 그리고 운전계획과정을 조망하면서 운전계획의 필요성과 운전계획의 종류를 논한다. 한국철도공사(KORAIL)의 열차계획 사례를 통해 운전계획의 실천적 사례을 보다 심도 있게 들여다보면서 운전계획의 이해도를 넓힌다.

운전역학에서는 속도일반과 가속도, 운동의 법칙, 원심력 등을 이론과 예제를 동시에 살펴가면서 습득하게 된다. 동력차의 특성과 견인력에서는 직류직구전동기와 유도전동기의 원리, 동력차 성능, 견인력에 대해 고찰한다. 유도전동기에서는 동력운전 시 토크제어 방식을 그림을 통해 이해한다.

열차저항에서는 출발저항, 주행저항, 구배저항, 곡선저항, 터널저항, 가속도저항에 대한 안목을 키우면서 각 저항의 고유한 특징을 논한다. 제동이론에서는 제동원력, 제륜자압력, 제동배율이 무엇인지 알아보고, 제동이론에서는 감압량에 따른 제동통압력, 최대 유효 감압량, 제동력, 제동거리 등을 구체적으로 살펴본다.

운전계획에서는 수강생들이 수송수요와 수송력에 대해 시야를 넓히게 된다. 열차를 이용할 승객은 얼마나 있으며 이 승객들을 안전하고 신속하게 수송하기 위해서는 열차가 얼마나 필요한지를 구체적이고 과학적인 운전계획과정을 접하게 된다.

운전이론을 강의하다 보면 많은 학생들이 어려움을 호소한다. 어떻게 해야 어려운 과목을 쉽게 풀어서 학생들에게 전달할 수 있을까? 저자들이 이 운전이론 책을 쓰기로 마음먹은 이유이다. 첫째, 저자들은 이해하기 어려운 이론, 공식, 방법 등을 그림을 동원하여 하나하나 풀어가면서 운전이론에 대한 두려움을 없애 주려고 시도했다. 둘째, 저자들은 기존 교제(서울교통공사 발간)의 내용을 단락별로 축약시켜 요점 위주로 책을 구성하였다. 셋째, 저자들은 운전이론 관련 용어의 개념과 방법론을 이해하려면 실천적인 예제가 필요함을 느끼고 책 전체에 걸쳐 해당 주제에 대한 예제를 풍부하게 배치하여 수강생들이 보다 알기 쉽게 이해하도록 배려하였다.

국가고시인 철도운전면허 시험을 준비하는 순수하고 지적 호기심에 불타는 수많은 학생들과 수강생을 외면하면 안 된다는 한 가닥 소명을 갖고 그동안 강의해 왔던 운전이론 강의록을 세상에 내놓는다. 이 책이 나오기까지 그동안 저자들과 끊임없이 교감하면서 열정을 다해 편집 일에 몰두해 주신 전채린 과장님에게 진심으로 고마움을 전하고 싶다.

저자　원제무·서은영

차례

제1장 운전이론의 개요

제1절 운전이론이 왜 필요한가? ··· 3

   1. 철도의 사명 및 운전이론_ 3
   2. 운전이론이 왜 필요한가?_ 4

제2절 운전이론의 범위 ·· 6

   1. 운전이론의 1단계_ 6
   2. 운전이론의 2단계_ 7

제2장 운전이론은 철도계획과 운전계획의 기초이론

제1절 운전이론과 철도계획과정 ··· 15

   1. 철도계획에서 건설까지의 인허가 과정_ 16
   2. 운전이론과 철도계획과정_ 17
   3. 철도 수요·공급(용량)분석을 통한 수송계획 수립과정_ 18

제2절 철도운전계획과정 ·· 18

    1. 운전계획의 기본흐름도_ 19
    2. 기본운전방식 선정_ 20
    3. 열차운전계획_ 20

제3절 한국철도공사(KORAIL) 열차계획 사례 ································ 22

    1. 열차계획 왜 세우는가?_ 22
    2. 열차계획의 단계_ 23
    3. 열차계획 수립 시 고려사항(견인정수)_ 24
    4. 열차계획 수립 시 고려사항(운전선도)_ 24
    5. 열차계획 수립 시 고려사항(표준운전시분)_ 25
    6. 선로용량_ 25
    7. 고속선 열차운행횟수 증대 방안_ 28

제3장 운전역학

제1절 단위 ·· 31

    1. 단위_ 31
    2. 스칼라량과 벡터량(구별하기)_ 33

제2절 운동과 힘 ·· 36

    1. 운동과 정지_ 36
    2. 속도일반_ 36
    3. 운동의 법칙_ 49
    4. 원운동과 구심력_ 58
    5. 일과 에너지_ 69
    6. 일률_ 71
    7. 에너지_ 73

제4장 동력차 특성과 견인력

제1절 전하, 전압, 전류, 저항이란? ··· 79

제2절 직류직권전동기 ··· 81
    1. 직류직권전동기의 원리_ 81
    2. 직류직권전동기의 특성_ 86

제3절 유도전동기 ··· 98
    1. 유도전동기 회전원리_ 98
    2. 유도전동기 회전력_ 108

제4절 3상 유도전동기 ··· 110
    1. 토크특성_ 110
    2. 견인전동기 속도 및 토크 조절방법_ 110
    3. 동력운전 시 토크제어_ 110
    4. 회생제동 시 토크제어_ 117

제5절 동력차 성능 ··· 123
    1. 치차비_ 123

제6절 견인력 ··· 132
    1. 견인력의 분류_ 133
    2. 견인정수_ 143

제1장

운전이론의 개요

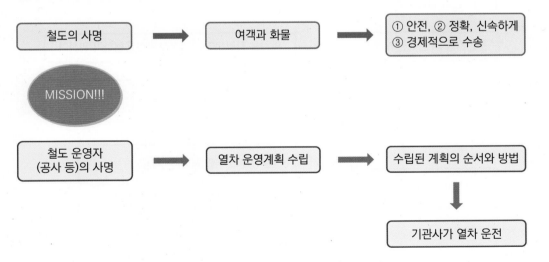

제1장

운전이론의 개요

제1절 운전이론이 왜 필요한가?

1. 철도의 사명 및 운전이론

[철도의 사명 및 철도운영자의 사명]

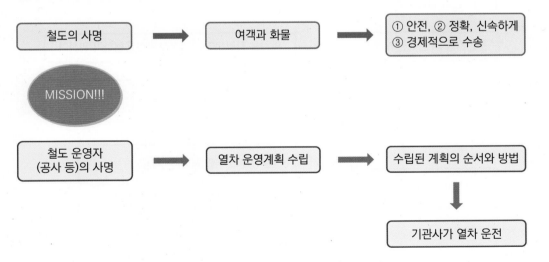

예제 다음 운전이론의 의의에 대한 내용 중 철도 사명에 설명으로 틀린 것은?

㉮ 철도의 사명은 여객을 신속하고 경제적으로 수송하는 데 있다.
㉯ 철도의 사명은 화물을 안전하고 경제적으로 수송하는 데 있다.
㉰ 철도의 사명은 안전, 정확, 신속이다.
㉱ 철도의 사명은 여객, 화물을 효율적으로 수송하는 데 있다.

2. 운전이론이 왜 필요한가?

1) 운전이론은 어떻게 활용되나?

① 열차를 합리적이고 경제적으로 운행하기 위한 운전기술에 관한 기초이론이다.
② 동력차를 운전하는 기관사가 어떻게 기기 조작을 해야 가·감속 및 제동을 하는 데 합리적이고 경제적인가에 대한 이론적 배경을 제공한다.
③ 열차 다이아 작성 등 어떻게 운전계획을 수립하여야 합리적·효율적인가에 대한 이론이다.
④ 운전분야에만 적용되는 것이 아니라 차량의 설계·제작, 선로·신호·통신·전기시설물의 부설 등 철도의 타 분야에도 이론을 제공한다.

[운전이론이 필요한 이유]

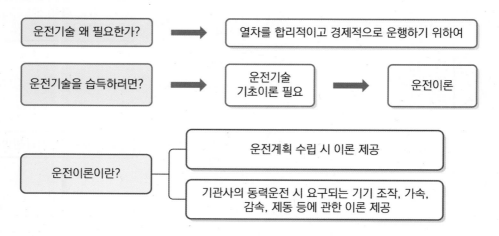

2) 운전이론과 운전계획 및 운전업무 간의 관계도

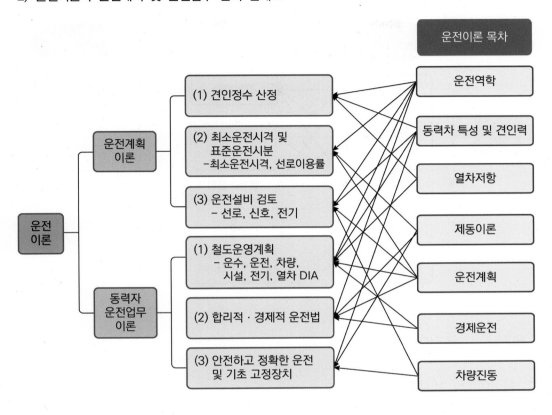

3) 1단계 운전이론 & 2단계 운전이론의 활용 목적(쓰임새)

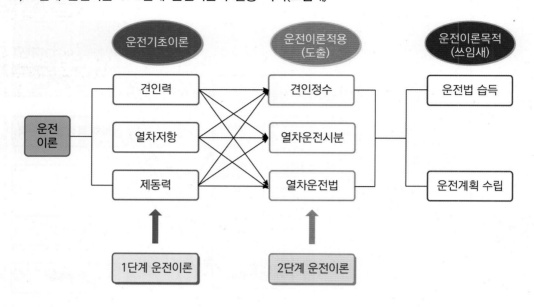

운전이론의 범위

1. 운전이론의 1단계   ※ 견인정수(X)

- 운전이론의 1단계는 열차의 안전운행에 관여되는 기본 인자인 동력차의 견인력, 열차저항, 제동력에 관한 기초이론들로 구성되어 있다.

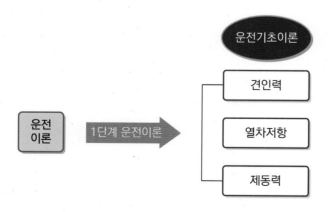

예제 다음 중 운전이론 1단계 이론이 아닌 것은?

㉮ 동력차의 견인력   ㉯ 열차저항

㉰ 제동력   ㉱ 견인정수

예제 다음 운전이론의 범위에 대한 설명으로 거리가 먼 것은?

㉮ 운전이론의 1단계는 동력차 견인정수, 열차저항, 제동력이다.

㉯ 운전이론의 1단계가 기초가 되어서 열차운전시분을 검토할 수 있다.

㉰ 최소운전시격을 산출하는 것은 선로이용률 등을 높이는 데 귀중한 자료가 된다.

㉱ 동력차의 견인정수는 견인력과 열차저항의 상호관계에 의하여 결정된다.

해설 열차의 운행에 관련된 기본 요소인 동력차의 견인력, 열차저항, 제동력에 관한 이론을 운전이론의 1단계라 한다.

2. 운전이론의 2단계

① 동력차의 견인정수산정

② 열차운전시분 검토

③ 합리적인 열차조종법

④ 운전설비검토 등에 관한 이론을 산출

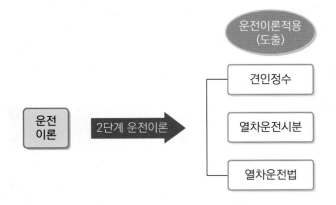

1) 운전계획에 관한 이론

(1) 동력차 견인정수 산정

- 견인정수란 열차의 속도에 맞게 동력차가 견인할 수 있는 객화차의 중량을 환산량 수로 표시한 것이다.

> 견인정수: 기관차가 정해진 운전속도로 견인할 수 있는 최대 차량 수

예제 다음 중 운전이론에 관한 설명이 아닌 것은(설명이 틀린 것은?)

㉮ 동력차의 견인력, 제동력 등을 살펴본다.
㉯ 견인정수 산정은 견인력과 제동력의 상호관계이다.
㉰ 운전선도를 이용하여 최소운전시격을 산출한다.
㉱ 합리적이고 경제적인 운전법에 관한 이론이다.

해설 **동력차의 견인정수**

- 열차의 속도에 대해 동력차가 정해진 운전속도로 견인할 수 있는 객화차의 중량을 환산량수로 나타낸 것을 말하는데 이 견인정수는 운전계획을 하는데 중요한 요소이며 주로 견인력과 열차저항의 상호관 계에 의하여 산정된다.
- 견인정수(환산량수)= 차량중량/기준중량

$$견인정수 = 환산량수 = \frac{객화차의\ 총중량}{차중률}$$

[차중률: 기관차 = 30ton, 객차 = 40ton, 화차 = 43.5ton]

(2) 최소운전시격 및 표준운전시분 검토

- 최소운전시격: 어느 지점을 열차가 통과한 후에 다음 열차가 통과할 때까지 안전을 확보할수 있는 시간을 말한다.

※ 최소운전시격 → 표준운전시분 → 표준열차운전시각 → 시간표

[열차다이아(Diagram for Train Scheduling)]

- 가로축에 시간, 세로축에 거리를 표시하여 시간적 추이에 의한 열차의 운행상태를 알 수 있다.
- 각 열차의 상호관계를 일목요연하게 표시한 선도이므로 열차운전계획에 활용된다.

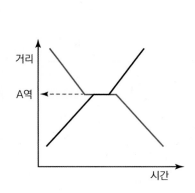

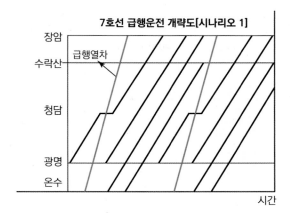

7호선 급행운전 개략도[시나리오 1]

(3) 운전선도

－운전선도: 열차가 어떠한 속도 변화와 운전시분의 경과를 가지고 있는가를 역학적으로 도시한 것. 열차계획, 운전정리 등의 기초자료로 활용

> **[운전선도]**
> - 열차운행에 수반하여 운전상태, 운전속도, 운전시분, 주행거리, 전기소모량 등의 상호관계를 역학적으로 표시한 운전곡선을 말한다.
> - 또한 운전선도는 속도변화와 운전시분의 경과를 역학적으로 도시한 것으로 열차계획 및 운전정리 등의 기초자료로 활용된다.

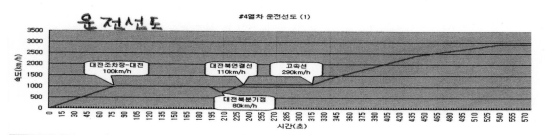

#4열차 운전선도 (1)

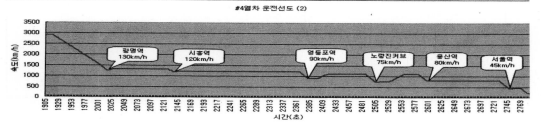

#4열차 운전선도 (2)

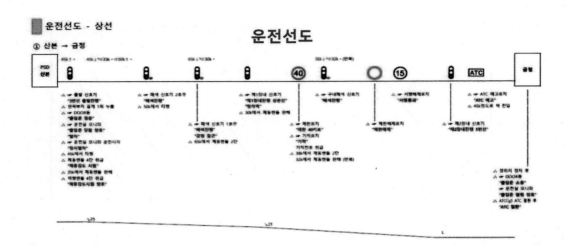

운전선도

① 산본 → 금정

운전선도 - 상선

[학습코너: 고장 시 조치학습]

[운전선도에 따른 기본운전법 연습]
- 산본역~남태령역구간 숙지, 신호기 및 운전선도습득
- 산본역부터 정차역을 순서대로 다 외워야 하고, 신호기 등이 어디에 있는지, 이 구간은 시속 몇 km로 달리는지 등을 알아야 한다.

[고장시 조치 훈련]
- 열차 비상상황 시 조치, 고장발생 조치요령, 재난 발생 시 보고

[평가자의 시험문제 출제목적 및 유형]
목적
- 회로차단기 트립발생, 차량고장 발생 시 조치, 화재 및 침수 발생 시 조치법,
- 정상운행 중 이례상황이 발생했을 시 기관사로서의 역량을 평가하는 부분
- 100점 만점

유형
- 제어대에서 평가관이 마구마구 고장을 터뜨린다.
  ① 막 잘 달리다가 피시식 하더니 열차가 멈추게 하고
  ② 앞으로 가라고 주간제어기 노치 땡겨도 안 먹히고
  ④ 갑자기 막 "2호차 객실비상"이라고 웅웅거리고
  ③ 선로에서 사람이 튀어나오고
  ⑤ 역이 갑자기 불타버리고
- 수험생들은 위와 같은 사상사고 및 승객비상 발생 시 대비를 할 수 있는 조치를 실시하면 된다.

예제 다음 열차계획 및 운전정리 등의 기초자료로 활용되는 것은?

㉮ 열차시간표   ㉯ 운전선도
㉰ 표준운전시분   ㉱ 견인정수

해설 운전선도란 열차운행에 수반하여 운전상태, 운전속도, 운전시분, 주행거리, 전기소모량 등의 상호관계를 역학적으로 표시한 운전곡선을 말한다. 또한 운전선도는 속도변화와 운전시분의 경과를 역학적으로 도시한 것으로 열차계획 및 운전정리 등의 기초자료로 활용된다.

2) 동력차 조종 실무에 관한 이론

① 합리적이고 경제적인 동력차 조종법에 관한 이론
② 안전하고 정확한 동력차 조종 및 기초고장 처치

예제 다음 중 운전이론의 2단계에 포함되지 않는 것은?

㉮ 동력차 견인정수 산정
㉯ 최소 운전시격 및 표준운전시분 검토
㉰ 운전설비 검토
㉱ 열차저항

해설 운전이론의 2단계는 운전이론의 1단계를 기초로 하여 동력차의 견인정수 산정, 열차운전시분 검토, 합리적인 열차운전법 등에 관한 이론을 운전이론의 2단계라 하며 운전계획과 동력차 업무를 수립하는 데 이용된다.

제2장

운전이론은 철도계획과
운전계획의 기초이론

제2장

운전이론은 철도계획과
운전계획의 기초이론

운전이론과 철도계획과정

기관사는 철도가 어떻게 계획되고 노선이 깔리는지에 대한 전반적인 과정을 인식할 필요가 있다. 기관사의 철도노선 계획과정 등에 대한 지식은 기관사가 차량 운전하는 데 있어서 거시적인 안목을 제공해 줄 수 있다.

1. 철도계획에서 건설까지의 인허가 과정

[철도계획-건설 인허가 과정]

– 지역 간 철도와는 달리 공간적으로 일정한 범위내로 한정되는 도시철도 건설은 기본계획 수립에서
  부터 사업개시까지 복잡한 절차로 사업이 추진됨
– 도시철도사업의 추진절차는 기본계획 수립단계, 기본설계 작성단계, 도시계획 결정단계, 노선지정
  단계, 실시설계단계, 도시계획 지적승인단계, 사업면허 및 사업계획 승인단계, 건설공사 시행단계,
  사업실시 등 9단계로 구분됨

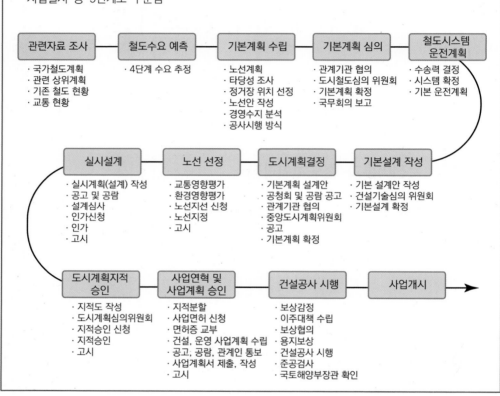

2. 운전이론과 철도계획과정

1) 운전이론과 철도계획과정

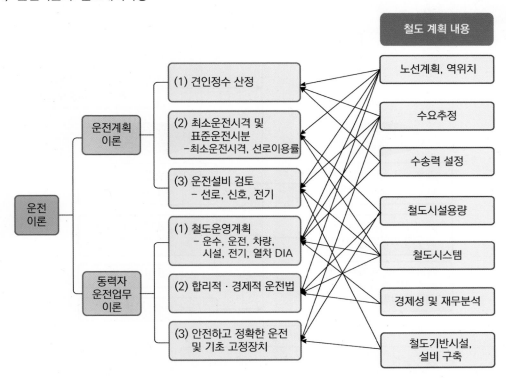

2) 철도계획과정

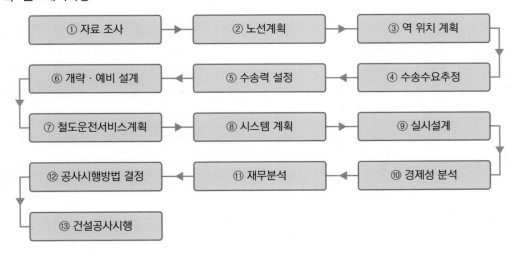

3. 철도 수요 · 공급(용량)분석을 통한 수송계획 수립과정

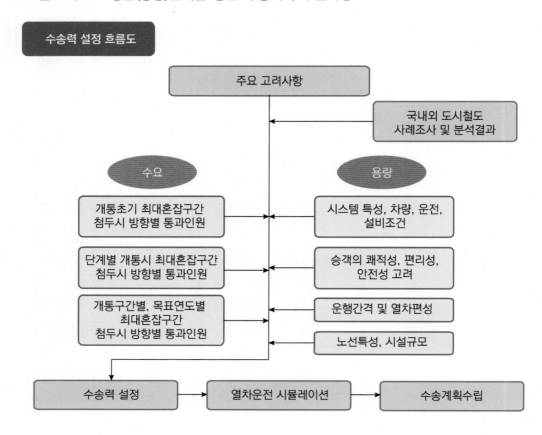

제2절   철도운전계획과정

- 기관사는 운전계획과정 등 운전계획을 어떻게 수립하는지에 대한 안목을 갖추어야
  한다.
- 아울러 이러한 운전계획과정이 어떻게 운전기술과 이론 등에 접목되는지에 대해 이
  해할 필요가 있다.

1. 운전계획의 기본흐름도

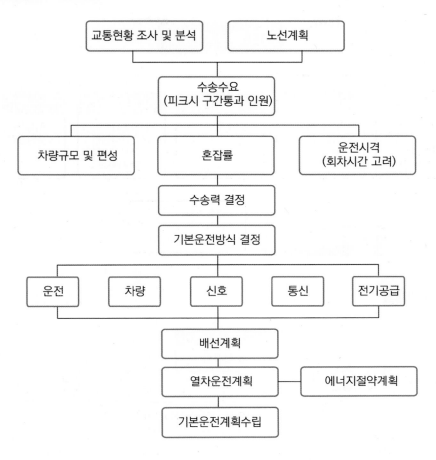

2. 기본운전방식 선정

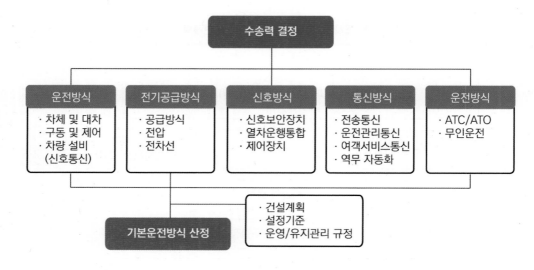

3. 열차운전계획

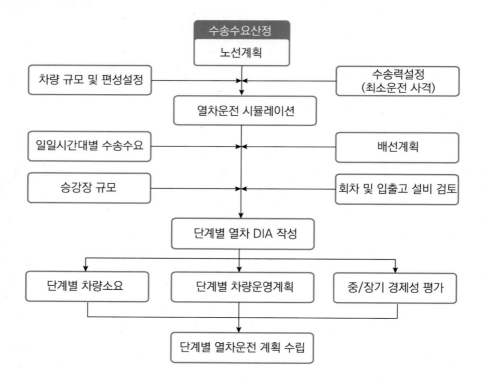

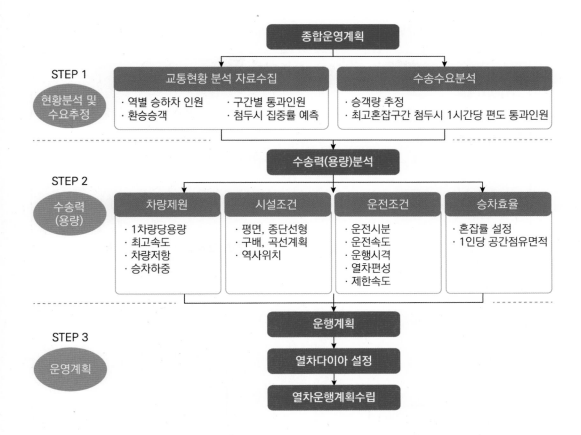

1) 운전계획과정

(1) 왜 운전계획을 수립하는가?

- 운전계획은 철도 이용 고객(수요자)이 원하는 교통서비스를 제공하기 위해 어떤 종류의 열차를 어떤 속도로 몇 회 운행할 것인지에 대한 계획을 수립하기 위해 필요하다.
- 이 운전계획을 수립할 때에는 우선 열차를 이용할 승객은 얼마나 되고, 이 승객들을 원활하게 수송하기 위해서 열차는 얼마나 필요한지를 철저히 분석해야 한다.
- 운전계획, 차량계획, 설비계획, 요원계획을 설정하려면 종합적인 열차계획이 필요하게 된다.
- 열차시각표에 따른 선로용량 및 서비스 수준 등을 결정하기 위해 열차계획이 요구된다.
- 열차계획에 따라 각종 설비, 철도차량, 승무원 등 철도자원관리 최적화를 통해 운용률 향상에 기여한다.

(2) 운전계획 내의 주요 계획

[운전계획 내의 주요계획]

(1) 열차계획
　　– 열차계획은 차량의 증차 등 차량계획과 운용계획을 수립하기 위하여 필요하다.

(2) 차량계획
　　– 열차의 배차간격, 운행횟수 등을 결정하는 데 있어서 차량계획이 필요하다.

(3) 설비계획
　　– 열차계획과 차량계획이 우선적으로 세워져야 설비계획이 수립될 수 있는 토대가 된다.

(4) 요원계획
　　– 운전관계 업무량의 증감에 따라 필요한 인원을 책정하고, 그 수급과 병행하여 인력 양성계획을
　　　수립하는 데 필요하다.

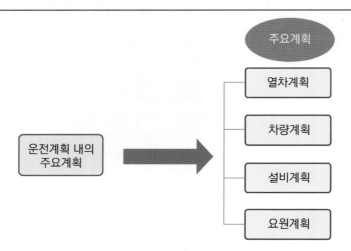

제3절 한국철도공사(KORAIL) 열차계획 사례

(참고자료: 열차계획, 한국철도공사 수송조정실)

1. 열차계획 왜 세우는가?

　– 수송량을 예측하여 수송량에 대응하는 수송력(열차회수, 편성량수)을 설정하기 위해
　　열차계획이 필요하다.

- 운전계획, 차량계획, 설비계획, 요원계획을 설정하려면 종합적인 열차계획이 필요하게 된다.
- 열차시각표에 따른 선로용량 및 서비스 수준 등을 결정하기 위해 열차계획이 요구된다.
- 열차계획에 따라 각종 설비, 철도차량, 승무원 등 철도자원관리 최적화를 통해 운용률 향상에 기여하고자 한다.
- 각 구간 열차운행 상황에 따라 노선별 상이한 선로용량을 산출하여 최적 운영시스템을 구축하기 위해 열차계획이 필요하다.

2. 열차계획의 단계

- 운송사업(철도운영)에 있어 열차계획은 가장 중요 열차운행에 필요한 각종 기초인자를 충분히 검토하여 최적의 계획 수립 필요

(1) 열차계획 수립

- 수송량에 대응하는 수송력(열차회수)을 반영하여 작성
- 운전계획, 차량계획, 설비계획(동력비), 요원계획 등을 종합적으로 검토하여 반영

(2) 수송량과 수송력

- 수송수요 예측: 사회정세에 영향 받고, 이용자 수에 따라 좌우
- 단위: 수송량(승차인원, 수송톤수), 수송력(주행거리를 표시하는 열차km, 차량km)
- 수송량과 열차회수: 선구에 대한 수송실적과 수송실태 고려 이용자 측 요구와 철도경영상의 경제성을 균형있게 고려

(3) 열차회수와 편성량수

- 열차회수 :수송량과 편성량수(수송단위)를 적절히 조합하여 산정
- 편성량수 :동력차 견인정수, 선로유효장, 승강장길이, 차량기지 설비 등의 제한을 받음
- 수송력 증가 기준(일정차량 운용기준) 운전속도상승, 차량연결량수 증가, 차량 1회귀 시분 감소 시 수송력 증대효과

3. 열차계획 수립 시 고려사항(견인정수)

(1) 견인정수

- 운전속도 종별에 의하여 동력차가 안전하게 견인할 수 있는 최대견인능력
  * 선로 자료 수집 → 동력차 성능 검토 → 선로 사정구배 조사 → 동력차별 견인력산출 → 견인정수 산정
- 최대구배, 곡선반경을 감안 사정구배로 동력차별 견인전동기 1시간 정격으로 산정
- 운전이론 및 속도정수 사정기준규정에 근거된 별도 공식 활용
  * 운전성능(견인 및 제동성능)과 열차저항을 고려, 점착견인력과 특성견인력 중 최소치를 적용

(2) 사정구배

운전선구의 상구배중 최대 인장력을 요구하는 구배 – 견인정수를 지배하는 구배로 실제구배 + 가상구배(곡선저항을 구배로 환산)

(3) 균형속도

사정구배에서 일정 견인량을 연결하고 계속적으로 일정 속도 이상 운전할 수 있는 속도(견인력과 열차저항이 동등하게 되는 속도)
★ 속도종별: 견인정수 및 표준운전시분 규제(고속, 특갑, 특을, 급병, 급정…… 등 18종)

4. 열차계획 수립 시 고려사항(운전선도)

(1) 운전선도

- 평상시의 운전에 있어서 동력차 성능 및 운전조건을 고려하여 실제 운전의 표준이 되도록 작성된 열차의 운전상태를 나타낸 선도

(2) 운전선도 작성조건

- 속도제한에 대한 계획속도는 2km/h 이상 낮은 속도(화물 제동개소의 경우 5km/h 이상)
- 연속 하구배 속도제한: 여객 3km/h, 기타열차 5km/h 이상 낮은 속도
- 터널구간에 대하여는 터널저항을 보정(500m 이하는 제외)
- 기타 선구의 실제상태, 승무원 조정기술, 동력차 성능을 활용하여 최소운전시분 산출

5. 열차계획 수립 시 고려사항(표준운전시분)

(1) 표준운전시분

－견인정수를 견인하고 운전할 경우 정차장 간 소요되는 최소 소요시분

(2) 표준운전시분 작성방식

－선로조건(구배, 곡선 등)에 따른 가감속도를 적용 이론적 소요시분 산출(별도양식)
－열차다이아 시스템을 통해 역 간 최소 운전시분 확인
－차량, 선로, 신호 등 열차운행 조건을 입력하여 시스템을 통해 운전시분 산출
－운전선도, 이론적 시간 및 열차다이아 시스템을 통한시간을 통해 계획 시분 산출
－시험운행 열차를 운행하여 운전시분 실측을 통해 열차 운전시분 최종 확인

[시험운행이 필요한 경우]
－여객열차 표준운전시분 사정 시
－견인정수 변경에 따른 표준운전시분 사정 시
－동일 견인정수에 따른 시분 단축 시

6. 선로용량

(1) 정의, 목적, 종류

가. 정의
－일정한 구간에 1일 동안 운전 가능한 최대 편도 열차회수(수송능력)

나. 목적
－열차운행 계획상 최대, 최적의 열차회수를 결정
－수송력 증강에 필요한 투자우선 순위 판단, 애로구간 해소 기준

다. 종류
－한계용량: 운전 가능한 최대열차회수(물리적인 한계의 용량)
－실용용량: 유효시간대, 보수시간, 운전취급시간을 고려하여 산정(일반적)
－경제용량: 열차운전이 원활하고 최저의 수송원가로 운행할 수 있는 용량

라. 변화요인

    − 열차설정을 크게 변경시켰을 경우, 운행속도를 크게 변경시켰을 경우

    − 폐색방식 변경, ABS · CTC 구간에서 폐색신호기간 거리 변경 시 등

마. 고려사항

    − 속도, 순서 및 배열, 역간거리, 구내배선, 운전시간, 폐색방식 신호현시방식, 유효 시간대

(2) 선로용량 영향인자

가. 최소 안전시격

    − 선로용량에 가장 크게 영향 −선행/후속열차 간 제동거리와 최소한의 여유거리를 합한 값

      * 열차운행속도, 폐색구간 길이, 신호기 투시거리 등에 영향, 열차운행속도와 반비례관계

나. 최소운전시격

    − 선행열차 중간 역정차, 후속열차 통과 경우 등 속도가 다른 열차의 안전 이격거리(시간)

      * 선행열차가 정차 후 후속열차가 출발하여 정상진행 신호조건으로 운행할 수 있는 여유거리

    − 고속 전용선에서 무정차 통과운행 기준 3분 시격(통상 4분) 운행

    − 전동열차 전용선에서 동일한 정차패턴 적용 시 3분 시격 운행

    − 일반열차의 경우 정차패턴, 운전시각 등에 의해 선구별 차이 발생

다. 폐색방식(신호시스템)

    − 고정폐색방식: 안전시격과 신호현시 등을 고려한 방식

      * 지상신호방식(ATS): 폐색구간 진입 전 전방정보 알 수 없어 상황변해도 정보 자동업데이트 불가

      * 차상신호방식(ATC): 폐색구간속도와 열차속도 동시현시, 전방 상황변화 시 속도정보 자동업데이트

    − 이동폐색방식: 전자기반 및 통신기반 시스템, 폐색구간이나 신호현시 존재하지 않음

      * ATP(열차자동방호시스템), MBS(지능형열차제어시스템)

라. 선로이용률

    − 선구별 효율적 열차설정, 운전 위한 1일(24×60 =1,440분) 실제열차 설정 가능 범위

- 여객전용선 또는 여객/화물 혼용여부 등 선구의 특성에 따라 달라짐
- 국가별 선로이용률
- UIC 기준: 60%(recommended value)
- 일본(야마기시 방식): 60%
    * 일반운행선(복선 및 단선구간): 60%, 전동열차전용선(통근전철구간): 60~75%
- 한국철도공사: 60%(철도청 시절부터 일본방식 준용)
    * 일반선: 60%(14.4시간), 고속선: 고속열차 영업운행시간 적용: 17시간(5:30~23:30)
    * 40%(불용시분): 선로보수16.7% 기타(다이아 설정 공간, 열차운행 탄력여유) 23.3%로 구성
- 선로이용률 일괄 적용에 따른 논리적인 문제점 등에 대한 해소방안 강구 필요

(3) 선로용량산정방식(KORAIL)

가. 기본개념: 선로이용률을 미리 결정한 후 최대 운전가능 열차회수와 곱하여 산출
- 고속열차 대피에 필요한 저속열차 지연손실 등을 이론적으로 계산, 최대 열차회수 산정

나. 전동(통근)열차 전용구간
- 고속/저속열차 구분이 없어 고속열차 대피에 따른 지연시분을 고려할 필요 없음

$N = (f*T)/h$, h: 최소운전시격

(4) 고속선 선로용량

가. 검토배경
- 수서~평택간 고속선 운행 가능한 최대 열차운행횟수(선로용량) 산정 필요
- 특히, 고속열차 MLP(maximum load point) 구간인 고속선 천안아산역 기준

나. 고속선 선로용량 산정기준
- 고속선같이 동일 차종이 동일 노선을 운행할 경우 전/후 열차간 운전시격 기준으로 산정
- 선로용량은 정차패턴에 가장 크게 영향을 받음(전/후 고속열차간 동일속도 운행 시 최적)

다. 고속선 선로용량 산정방식

　　－고속선 열차운행(시간당 최대) 회수기준

　　　　* 현재 천안아산역 주말기준 시간당 최대 고속열차운행(설정)횟수 및 고속열차 영업시간 기준 산정

　　－천안아산역 정차패턴별 평균운전시격 기준

　　　　* 천안아산역 4가지 운행패턴 기준 고속열차의 평균운전시격을 토대로 시간당 운전시격 산출

　　－현재 설정된 천안아산역 고속열차 정차패턴 기준

　　　　* 천안아산역 시간당 최대 열차설정 패턴을 천안아산역 평균운전시격으로 적용하여 산출

라. 고속선 열차운행회수 기준 (136회)

　　－천안아산역 주말기준 1일 상/하행 고속열차 최대 설정 회수: 116개 열차

　　－천안아산역 1시간당 최대열차운행(설정)회수: 9회

　　　　* 시간당 최대 열차회수(9회)를 고속열차영업시간(17시간) 동안 운행 시 1일 최대 153회 운행가능
　　　　* 17시간 기준: 05:30~23:30, 주간점검 시간 1시간 제외

　　－시간당 최대 열차운행횟수 및 고속선 영업시간 변경 시 선로용량 변화 발생
　　－1일 17시간, 시간당 9회 적용 시 153회, 16시간 7회 적용 시 112회 등 차이 발생

마. 천안아산역 정차패턴별 평균운전시격 기준

　　－하행 150회, 상행 154회

　　－고속차량 가감속 특성 및 천안아산역 부근폐색 및 각종 설비 조건 등을 고려하여 천안아산역을 기준으로 다양한 운행패턴별 운전시격 평균값 산출

　　－상행열차 평균 운전시격: 6.8분, 하행열차 평균운전시격: 6.6분 산정됨

　　　　* 정차패턴별 열차회수 기준 = 60/운전시격(소수점 이하 버림) × 17시간(16시간)

7. 고속선 열차운행횟수 증대 방안

고속선 MLP구간 고속선 추가(복복선) 구축을 통해 선로용량 증대

제3장

운전역학

운전역학

제1절　단위

1. 단위

① 기본단위: 물리학에서 기초가 되는 양
- CGS 단위: 길이(L) 질량(M) 시간(T) 등을 조합하여 표시한 것
  ex) cm, gr, sec로 표시
- MKS 단위: m, kg, sec로 표시

② 유도단위: 기본단위를 유도하여 표시한 단위
ex) m/sec, m/sec², kg · m/cm² 등

예제 다음 중 운전역학과 관계가 가장 적은 것은?

㉮ 고속차량의 설계 　　　　　　㉯ 궤도보수 이론
㉰ 열차제동이론 　　　　　　　㉱ 동력차의 견인특성

해설 궤도보수 이론은 운전역학과 관계가 없다.

예제 다음 SI 단위에서 기본단위가 아닌 것은?

㉮ 길이(m) ㉯ 질량(kg)
㉰ 시간(s) ㉭ 에너지(E)

해설 **국제단위계(International System of Units, 약칭 SI)**
 - 도량형의 하나로, MKS 단위계라고도 불린다. 1960년 국제도량형총회에서 국제적인 표준으로 채택한 단위계
 - 길이의 단위 미터(meter, 기호 m), 질량의 단위 킬로그램(kilogram, kg)과 시간의 단위 초(second, s), 전류의 단위 암페어(Ampere, A), 열역학적 온도의 단위 켈빈(Kelvin,K), 물질량의 단위 몰(mole, mol)과 광도의 단위 칸델라(Candela, Cd) 등 7개의 기본단위
 - 2개의 보조 단위(라디안(rad), 스테라디안(sr)) 그리고 이들로부터 유도되는 유도단위(19개)를 요소로 하는 단위의 집단

예제 다음 속력의 단위가 아닌 것은?

㉮ m/s ㉯ km/h
㉰ cm/s ㉭ km

해설 속력은 단위 시간 동안 이동한 거리로 일상생활에서 물체의 빠르기를 나타낼 때 사용되는 스칼라량이다.

분류	물리량	단위 기호	명칭
기본단위	길이	[m]	
	질량	[kg]	
	시간	[s]	
	전류	[A]	
	(열역학적) 온도	[K]	
	물질의 양	[mol]	
	광도	[cd]	
유도단위	속력	[m/s] [km/h]	
	가속도	[m/s^2] [km/h/s]	
	져크	[m/s^3] [km/h/s^2]	
	힘	[N] [kg·m/s^2]	뉴턴(Newton)
	일, 에너지	[J] [N·m] [kg·m^2/s^2]	줄(Joule)

	회전력(토크)		
	일률(공률)	[W] [J/s] [N·m/s²] [kg·m²/s²]	왓트(Watt)
	압력	[Pa] [N·m²] [kg/m·s²]	파스칼(Pascal)
	진동수	[Hz]	헤르츠(Hertz)
	섭씨온도	[℃]	
	전하량	[C]	쿨롱(Coulomb)
	자속	[Wb]	웨버(Weber)

단위계	길이의 단위	질량의 단위	시간의 단위
M K S	Meter[m]	Kilogram[kg]	Second[sec]
G G S	Centimeter[cm]	Gram[g]	Second[sec]

2. 스칼라량과 벡터량(구별하기)

1) 스칼라

- 크기만을 가진 물리량. 대수학적으로 계산 가능.
  ex) 부피, 시간, 온도, 다면체, 면적, 일, 에너지, 질량, 신장, 속력, 거리, 비중, 밀도, 전하량

[스칼라]

- 흔히 생각할 수 있는 일반적인 수이다.
- 2km라는 단순한 값이 있을 때 이 값은 어디에서 어느 방향으로 2km인지에 대한 정보는 가지고 있지 않다.

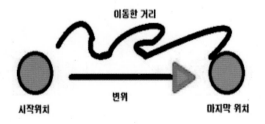

예제 다음 중 스칼라량은 어느 것인가?

㉮ 힘의 모멘트   ㉯ 질량

㉰ 속도   ㉱ 가속도

예제 크기만을 가진 물리량을 스칼라라고 한다. 스칼라로 맞는 것은?

㉮ 위치   ㉯ 체중

㉰ 변위   ㉱ 속력

해설 운동에는 속력과 방향이 있다. 속력이란 어떤 물체가 시간의 경과에 따라 그 위치를 변화하는 양의 정도로서 단위시간 동안 물체가 이동한 거리를 말한다. (V = S/t)

스칼라(Scalar) vs 벡터(Vector): 물리적 현상을 양적으로 표현하는 방법

스칼라		벡터
수치값만으로 표시할 수 있는 양	VS	크기와 동시에 방향을 갖는 물리량
⇨ 넓이, 시간, 온도 등		⇨ 변위, 속도, 가속도, 힘 등

2) 벡터

– 크기와 방향을 가진 물리량, 대수학적으로만은 계산 가능. 기하학적인 취급이 필요
   ex) 위치, 변위, 속도, 가속도, 힘, 체중, 마찰력, 일률, 운동량, 힘의 모멘트

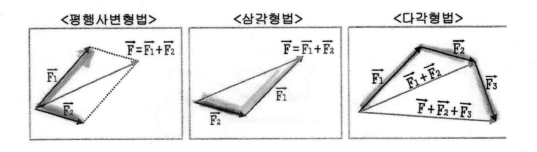

Scalars and Vectors

A **scalar quantity** has only magnitude.
A **vector quantity** has both magnitude and direction.

Scalar Quantities	Vector Quantities
length, area, volume, speed, mass, density, pressure, temperature, energy, entropy, work, power	displacement, velocity, acceleration, momentum, force, lift, drag, thrust, weight

[스칼라량과 벡터량(구별하기)]

1. 스칼라 – 크기만을 가진 물리량. 대수학적으로 계산 가능.
   ex) 부피, 시간, 온도, 다면체, 면적, 일, 에너지, 질량, 신장, 속력, 거리, 비중, 밀도, 전하량

2. 벡터 – 크기와 방향을 가진 물리량, 대수학적으로만 계산 가능. 기하학적인 취급이 필요
   ex) 위치, 변위, 속도, 가속도, 힘, 체중, 마찰력, 일률, 운동량, 힘의 모멘트

예제 다음 중 벡터(Vector)가 아닌 것은?

㉮ 변위   ㉯ 일

㉰ 힘   ㉱ 운동방향

해설 벡터란 크기와 방향을 가진 물리량,
ex) 위치, 변위, 속도, 가속도, 힘, 체중, 마찰력, 일률, 운동량, 힘의 모멘트

1. 운동과 정지

① 운동: 물체가 시간의 경과에 따라 그 점유위치를 바꾸어 나가는 현상
② 정지: 시간이 경과하여도 그 위치를 변치 않고 있는 상태

2. 속도일반

1) 변위

물체가 운동하고 있을 때 물체의 위치 변화

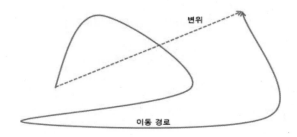

2) 속력(Speed)

- 운동에는 반드시 속력과 방향이 있다. 속력이란 것은 어떤 물체가 시간의 경과에 따라 그 위치를 변화하는 양의 정도를 말하는 것으로
- 단위시간에 있어서 물체가 이동한 거리 즉, 속력＝이동거리/시간

3) 속도(velocity)

- 물체의 운동상태를 나타낼 때 속력과 방향을 나타내는 양을 속도라고 한다.
- 속도란 물체의 변위와 시간과의 관계로서 단위시간당의 변위를 말한다.

속도 = 변위 / 걸린시간　　　$V = S/t$　　　$S = Vt$　　　$t = S/V$

V: 속도(m/s), km/h), t: 시간(s, h), S: 거리(m, km)

−속도의 단위 변환시 다음 수를 곱해준다

　m/sec를 km/h 변환 시: 3.6

　km/h를 m/sec 변환 시: 1/3.6

[학습코너]

- 속력(Speed): 물체의 빠르기만 표시한 물리량(물빠)
- 속도(Velocity): 물체의 빠르기와 방향을 동시에 표시한 물리량(물빠방)
  - ※ 속도는 방향과 빠르기를 동시에 포함하는 물리량이기 때문에 등속도 운동이라 함은 빠르기와 방향이 모두 변하지 않고 일정한 운동을 의미한다.
- 빠르기와 방향 둘 중 하나라도 변하면 속도가 변하는 운동인 가속도 운동이 된다.

　동쪽으로 30m를 간 다음 북쪽으로 40m를 간 경우 총 이동거리는 70m이고, 변위는 북동쪽으로 50m(직선거리)이다. 총 운동시간이 10초라면 평균 속력은 <u>7m/s</u>이고, 평균 속도의 크기는 <u>5m/s</u>이다.

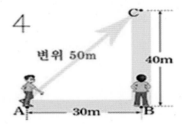

$$속력 = \frac{이동거리}{시간} = \frac{70}{10} = 7m/s$$

$$속도 = \frac{변위}{시간} = \frac{50}{10} = 북동쪽, 5m/s$$

[학습코너: 속력(Speed)과 속도(Velocity)]

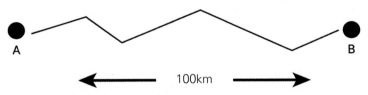

100km

- A지점과 B지점에 직선거리가 100km이다. 가는 데 150km의 거리가 나왔다.
  이동시간은 1시간이 걸렸다.
  속력(Speed)은 얼마인가??
  또 속도(Velocity)는 얼마인가??

이것이 바로 속력과 속도의 차이점 확실하게 구분해 줄 문제이다.

✓ 속력(Speed)은 얼마인가? 운행거리가 150km가 되므로 150km/h로 이동했다고 보면 된다. 이

리 갔다 저리 갔다 이동한 거리를 다 합친 값이다.

✓ 속도(Velocity)는 얼마인가? 속도는 직선거리에 대한 기준이므로 100km/h되겠다.

➤ 속력(Speed) > 속도(Velocity)

예제 다음 중 속도에 관한 설명으로 틀린 것은?

㉮ 단위시간에 물체에 변위하는 정도

㉯ 단위시간에 운동한 거리의 크기(단, 운동방향은 일정하다.)

㉰ 속도는 가속도와는 무관하다.

㉱ 이동거리(변위)에 비례하고 소요시간에 반비례한다.

해설 가속도는 운동하는 물체의 속도 변화를 설명하는 것으로, 시각의 변화에 대한 물체의 속도 변화율을 말한다.

예제 다음 중 단위시간당 속도의 변화량은?

㉮ 속도 ㉯ 가속도

㉰ 등속도 ㉱ 변위

해설 단위시간당 속도의 변화량을 가속도라 한다.

$$가속도 = \frac{속도의\ 변화}{시간}$$

예제 다음 중 벡터량이 아닌 것은?

㉮ 속력 ㉯ 마찰력

㉰ 변위 ㉱ 가속도

[예제] **다음 중 단위시간 동안 물체의 변위를 표시한 것은?**

㉠ 속도 ㉡ 운동

㉢ 등속도 ㉣ 변위량

[해설] 속도(Velocity)는 속력과 함께 움직이는 물체의 빠르기의 정도를 나타내는 양이다. 속력(Speed)은 단위시간당 이동거리를 측정하여 계산하는 반면, 속도는 단위시간당 이동한 변위를 측정함으로써 그 크기가 결정된다. 속력과 같은 단위를 쓰지만 속력이 스칼라량임에 반해 속도는 변위 벡터와 같은 방향을 가지는 벡터량이다. 단위는 속력과 같이 변위/시간을 사용하며 주로 m/s, km/h 등이 쓰인다.

[예제] **다음 중 크기와 방향을 가지고 있는 물리량으로 알맞게 짝지어진 것은?**

㉠ 부피 - 질량 ㉡ 힘 - 변위

㉢ 온도 - 속력 ㉣ 면적 - 가속도

[해설] 힘과 변위는 벡터량이다.

[예제] **다음 설명 중 틀린 것은?**

㉠ 물체가 운동하고 있을 때 물체의 위치 변화를 변위라고 한다.

㉡ 물체가 시간의 경과에 따라 속도를 바꾸어 나가는 현상을 운동이라 한다.

㉢ 어떤 물체가 시간의 경과에 따라 그 위치를 변화하는 양을 속력이라 한다.

㉣ 물체의 속도가 시간의 경과에 따라 변하는 경우 이 속도의 변화비율을 가속도라 한다.

[해설] 운동과 정지에 관한 개요는 다음과 같다.
① 운동이란 시간의 경과에 따라 점유위치를 바꾸어 나가는 현상을 말한다.
② 정지란 시간이 경과하여도 그 위치가 변하지 않고 있는 상태를 말한다.
③ 위치는 상대적 개념이므로 운동과 정지도 상대적 개념이다.
④ 운동 또는 정지는 지구를 기준으로 한다.

4) 가속도(Acceleration)

$$가속도 = \frac{속도의\ 변화}{시간}$$

◆ 서울–부산간 통행시간 – 거리 그래프는 다음과 같
   이 나타낼 수 있다.
   대학생이 여자친구에게 잘 보이려고 과속한 그래
   프를 보자.

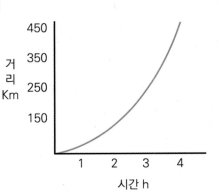

◆ 모든 것은 0에서 시작하고
   ▪ 1시간 경과 후에 100km를 이동했다.
   ▪ 2시간 경과 후에 120km를 이동했다.
     ⇒ 아무래도 휴게소에 들린 것 같지?
   ▪ 3시간 경과 후에 250km를 이동했다.
   ▪ 4시간 경과 후에 450km를 이동했다.

◆ 그렇기 때문에 이 친구는 매시간이 경과할 때마다 다른 속력으로 이동을 한 것이 되는 것인데,
◆ 바로 일반 물리학에서 이제 이를 토대로 순간 속력이라는 것을 설명할 수 있다.

◆ 1구간부터 그래프를 통해서 확인해보자.
◆ 1시구간부터 2시구간까지 1시간 동안 시간은
   Δt=1h이고 이동거리는 ΔS=20km 이동했다.
   그럼 1구간의 순간 속력은 얼마인가?

이렇게 되는 것이지,
그러니까 이 친구는 1시간 경과 후부터 2시간 경과
후까지 극심한 교통체증을 경험했거나, 아니면 휴게
소에 들렸다 나온 것이 틀림없는 것이다.

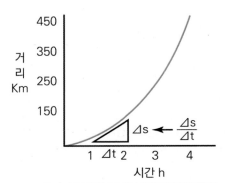

$$가속도 = \frac{\Delta S}{\Delta t} = 20 \text{km/h}$$

$$v = v_o + at$$
$$s = v_o t + \frac{1}{2}at^2$$
$$2as = v^2 - v_o^2$$

─**가속도**: 속도변화의 크기를 나타내는 물리량이며 단위시간 당의 속도 변화량으로 표시
  가속도 = 속도변화량 / 걸린시간

[가속도(acceleration)]

: 속도변화의 크기를 나타내는 물리량이며 단위시간당의 속도변화량으로 표시
가속도 = 속도변화량 / 걸린시간

$$a = \frac{v_{나중속도} - v_{처음속도}}{t}$$

$$a = V_t - V_0/t$$
$$at = V_t - V_0$$
$$V_0 = V_t = V_0 + at$$

$$v = v_o + at$$
$$s = v_o t + \frac{1}{2}at^2$$
$$2as = v^2 - v_o^2$$

나중속도: v

처음속도: v_o

정리하면

$v = v_o + at$

가속도 = a
최초속도 = v_o
나중속도 = v
이동거리 = s
이동시간 = t

시간(t)=거리/속도

거리(s)=속도×시간

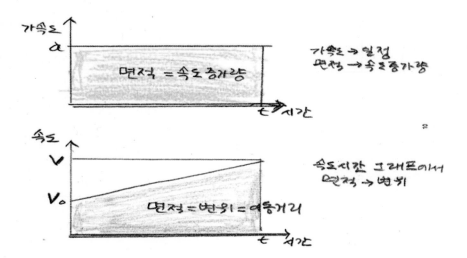

가속도 ⟶ 일정
면적 ⟶ 속도증가량

속도시간 그래프에서
면적 ⟶ 변위

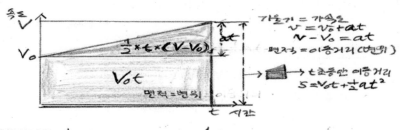

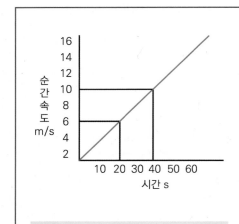

일정하게 속도가 계속 증가하고 있는 것을 볼 수가 있다. 0초에서 20초 구간과 0초에서 40초 구간의 가속도를 구해보겠다.

위의 가속도 공식을 이용하여

- 0초에서 20초 구간
- 20초가 흘렀을 때 순간속도는 그래프에서 보면 약 5.5m/s
- 그럼 속도를 5.5m/s라고 가정하고 가속도를 구해보자.

$$a = \frac{(5.5-0)m/s}{20s} = 0.275 m/s^2$$

가속도가 0.275m/s² 정도가 나오고 있다.

$$a = \frac{v_{\text{나중속도}} - v_{\text{처음속도}}}{t}$$

나중속도: v 처음속도: v_o

정리하면 $v = v_o + at$

예제 다음 중 단위시간당 속도의 변화량은?

㉮ 속도   ㉯ 가속도

㉰ 등속도   ㉱ 변위

해설 단위시간당 속도의 변화량을 가속도라 한다.

예제 다음 중 가속도에 관한 설명으로 가장 맞는 것은?

㉮ 가속도의 크기는 힘의 크기에 비례하고 물체의 질량에 반비례한다.

㉯ 힘이 일정한 경우 질량에 비례

㉰ 단위시간당의 거리의 변화량

㉱ 힘의 반대방향으로 작용한다.

해설 가속도의 크기는 힘의 크기에 비례하고 질량에 반비례한다($a = F/m$).

예제 다음 중 운전 거리와 운전시분에 관한 설명으로 맞는 것은?

㉮ 증가함수이나 정비례하지 않는다.   ㉯ 증가함수이나 정비례한다.

㉰ 감소함수이나 정비례한다.   ㉱ 감소함수이나 반비례한다.

해설 $s = v \times t$ 에서 거리와 시간은 비례하며 속도라는 변수에 의해 달라지는 값을 가진다.

예제 다음 중 초속을 시속으로 환산한 식으로 맞는 것은? (단, v=m/s, t=s, V=km/h, S=m, T=h)

㉮ $V = v/3.6 \times t$ ㉯ $V = V/T \times 3.6$

㉰ $V = v/S \times 3.6$ ㉱ $V = S/t \times 3.6$

해설 속도의 단위 변환 시 다음 수를 곱해준다
① m/sec를 km/h 변환 시 :3.6
② km/h를 m/sec 변환 시: 1/3.6
1m/s를 km/h로 환산하면 1m/s × 3,600/1,000이므로 $V = S/t \times 3.6$이다.

예제 이동거리가 6km이고, 표정시분이 6분 소요일 때(정차시간 2분 포함)의 속도는?

㉮ 45km/h   ㉯ 60km/h

㉰ 80km/h   ㉱ 40km/h

해설 $V = S/t = 6km/(6/60(h)) = 60km/h$

예제 다음 중 열차의 속도가 점차 증가하는 경우는?(단, a=가속도)

㉮ a ≤ 0 ㉯ a ≥ 0

㉰ a < 0 ㉱ a > 0

해설 속도가 증가하기 위해서는 가속도 a>0이어야 한다.

예제 다음 중 2.5m/s²의 가속도(km/h/s)는?

㉮ 6.5 ㉯ 9.0

㉰ 8.0 ㉱ 7.0

해설 m/s²을 km/h/s로 변환 시 3.6을 곱해주면 되므로 2.5×3.6=9가 된다.

예제 다음 중 가속도의 크기를 나타내는 공식으로 적절하지 않은 것은?
(단, a=가속도, v_1=초속도, v_2=종속도, t=걸린 시간)

㉮ $a = (v_2 - v_1)/t$ ㉯ $v = v_1 + at$

㉰ 가속도 = 속도의 변화량 ㉱ $2as = v_2{}^2 - v_1{}^2$

해설 가속도=단위시간에 따른 속도의 변화량

예제 다음 중 가속도에 대한 설명으로 틀린 것은?

㉮ 가속도란 단위시간당 속도의 변화를 말한다.

㉯ 철도에서 가속도의 단위는 Km/h/s를 말한다.

㉰ 등가속도운동이란 철도에서 균형속도를 이루었다고 한다.

㉱ 가속도 0.5m/s²이면 발차 1분 후면 108km/h/s가 된다.

해설 등속운동은 균일한 운동을 말한다. 균일한 운동은 물체의 운동속도가 일정한 것을 나타내는데, 철도에서는 균형속도를 이루었다고 한다.
$0.5m/s^2 \times 60 = 30m/s^2 \times 3.6 = 108km/h/s$

예제 출발해서 가속도 2m/s²로 주행 후 90km/h 되었을 때 소요시간은?

㉮ 10초

㉯ 12.5초

㉰ 15초

㉱ 22.5초

해설 2m/s²는 → 7.2km/h/s (3.6을 곱하므로)이므로

a=V/t에서 V=at

90km/h = 7.2km/h/s × t(s)

∴ t = 12.5

예제 다음 중 가속도가 0.6km/h/s인 열차의 발차 1분 후 속도는?

㉮ 45km/h

㉯ 43km/h

㉰ 39km/h

㉱ 36km/h

해설 V = at에서

0.6km/h/s/1s × 60s = 36km/h

예제 다음 중 가속도가 0.5km/h/s인 열차의 발차 1분 후 주행거리는?

㉮ 250m

㉯ 275m

㉰ 300m

㉱ 325m

해설 0.5km/h/s는 (0.5km/3.6m)/s²이므로 S = 1/2 × at²에서

S = 1/2 × at² ⇒ (0.5/3.6) × 60²/2 = 250m

예제 발차 1분 후 60km/h의 속도가 되었다. 평균가속도와 주행거리는?

㉮ 1km/h/s, 500m

㉯ 60km/h/s, 1000m

㉰ 1km/h/s, 1800m

㉱ 30km/h/s, 600m

해설 가속도 a = (v1−vo)/t 에서   (60km/h) / 60s = 1km/h/s

주행거리 S = vot + ½ × at²에서

S(주행거리) = 0 + [1/2 × [(1/3.6) × 60²]] = 500m

예제 다음 중 열차가 정지상태에서 출발하여 36km/h/s의 등가속도 운동을 할 때 4초 후의 열차 속도로 맞는 것은?

㉮ 40m/s   ㉯ 50m/s

㉰ 60m/s   ㉱ 70m/s

해설 V = at에서

V = (36,000m/s/3,600s(36/3.6) = 10) × 4s = 40m/s

$$v = v_0 + at, \ s = v_0 t + \frac{1}{2}at^2, \ 2as = v^2 - v_0^2$$

예제 정지상태에서 출발하여 400m 도달할 때 20초일 경우 가속도는 얼마인가?

㉮ 0.5m/s²   ㉯ 2m/s²

㉰ 2.5m/s²   ㉱ 3m/s²

해설 정지상태에서 출발 시 S공식을 이용한다.

$$v = v_0 + at, \ s = v_0 t + \frac{1}{2}at^2, \ 2as = v^2 - v_0^2$$

5) 속도의 종류

① **최고속도**: 단위시간중의 변위가 가장 큰 속도

열차운전 중에는 선구별, 차량별 최고속도로 구분한다.

② **평균속도**: 운전거리/순수운전시분

(순수운전시분: 정차시분을 제외한 값)

③ **표정속도**: 운전거리/이동소요시분

(이동소요시분: 순수운전시분 + 도중정차시분)

④ **제한속도**: 운전설비 또는 신호조건에 따라 운전속도를 일시 제한할 필요가 있을 때 운전속도에 알맞게 최고속도의 한계를 정한 것

⑤ **상대속도**: 상대방의 속도 − 관측자의 속도

예제 다음 중 속도에 대한 틀린 설명은 어느 것인가?

㉮ 평균속도: 운전거리를 순수운전시분으로 나눈 속도

㉯ 표정속도: 운전거리를 순수운전시분과 정차시분을 합하여 나눈 속도

㉰ 제한속도: 운전설비, 상구배 등에 의한 운전속도에 제한을 가한 속도

㉱ 균형속도: 가속력 또는 견인력과 열차저항이 일치하는 속도

해설 철도에서 사용하는 속도의 종류는 다음과 같다.
① 최고속도: 단위시간 중 변위가 가장 큰 속도
② 평균속도: 운전거리 ÷ 순수운전시분
③ 표정속도: 운전거리 ÷ 이동소요시분(순수 운전시분 + 도중정차시분)
④ 상대속도: 움직이고 있는 두 물체의 한쪽에서 바라본 다른 쪽의 속도(상대속도 = 상대방의 속도 – 관측자의 속도)
⑤ 제한속도: 운전설비 또는 신호의 조건에 따라 운전속도를 제한한 것으로 그 종류는 다음과 같다.
   ㉮ 하구배 제한속도 ㉯ 곡선 제한속도 ㉰ 측선·분기기 제한속도 ㉱ 신호현시 제한속도

예제 다음 중 틀린 것은?

㉮ 표정속도 = 이동거리/이동소요시분

㉯ 평균속도 = 이동거리/순수운전시분

㉰ 최고속도 = 단위시간에 속도변화가 가장 큰 속도

㉱ 제한속도 = 운전설비 또는 신호조건에 따른 속도의 한계

해설 최고속도는 단위시간 중 변위가 가장 큰 속도이다.

예제 운전거리를 이동소요시분(운전시분 + 도중정차시분)으로 나누어 구한 속도로 맞는 것은?

㉮ 표정속도   ㉯ 제한속도
㉰ 평균속도   ㉱ 허용속도

예제 다음 중 단위 시간 중 변위가 가장 큰 속도는?

㉮ 최고속도   ㉯ 평균속도
㉰ 표정속도   ㉱ 상대속도

해설 최고속도는 단위시간 중 변위가 가장 큰 속도이다.

예제 다음 속도의 종류에 대한 설명으로 틀린 것은?

㉮ 평균속도는 운전거리를 순수운전시분으로 나누어 구한 속도이다.

㉯ 운전속도에 알맞게 최저속도의 한계를 정한 것을 제한속도라고 한다.

㉰ 단위시간중의 변위가 가장 큰 속도를 최고속도라고 한다.

㉱ 상대속도 = 상대방의 속도 - 관측자의 속도이다.

해설 최저속도라는 속도개념은 없다.

예제 상대속도를 A, 상대방속도를 B, 관측자속도를 C라 할 때 관계식으로 맞는 것은?

㉮ A = B + C

㉯ A = B - C

㉰ A = B × C

㉱ A = C - B

해설 상대속도 = 상대방의 속도 - 관측자의 속도

5) 중력가속도

물체의 무게는 모두 지구의 인력에 따라서 생기는 것으로 지구인력 즉 중력은 물체의 중량을 표시한다고 할 수 있다. 지구상의 모든 물체는 지구의 인력 즉, 중력의 작용을 받으므로 운동의 제2법칙에 의하여 중력에 의한 가속도가 생긴다.

$$W = mg \ (kg)$$
$$m = W/g \ (kg)$$

※ 질량(Mass): 그 물체를 구성하고 있는 실제량이므로 물체에 따라서 일정

※ 중량(Gravity): 지구상의 위치(극지방과 적도지방)에 따라서 그 크기가 달라짐 (중력의 크기)

3. 운동의 법칙

1) 힘(Force)

- 어떤 물체의 운동상태를 변화시키거나 물체의 모양을 변형시키는 요인이다.
- 즉, 힘이란 어떤 물체가 가지고 있는 관성을 파괴시키는 작용을 말한다.
- 힘의 3요소: 힘의 크기, 방향, 작용점

힘의 3요소: 힘의 크기, 방향, 작용점

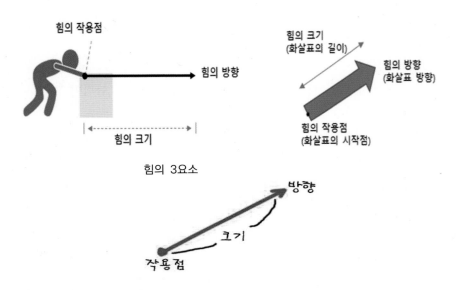

힘의 3요소

- F = ma (F: 힘, m: 질량, a: 가속도)

- 힘의 단위

  ① 절대단위 $1N = 1kg \cdot m/sec^2 = 10^5 dyne$

  $1dyne = 1g \cdot cm/sec^2$

② 중력단위 $1\text{kg} \cdot 중 = 9.8\text{kg} \cdot \text{m/sec}^2 = 9.8\text{N}$

$1\text{g} \cdot 중 = 980\text{g} \cdot \text{cm/sec}^2$

■ 일의 단위

① 일 = 힘 · 거리 $1\text{erg} = 1\text{dyne} \cdot 1\text{Cm}$

$1\text{Joule} = 1\text{N} \cdot 1\text{m}$

$1\text{PS} = 75\text{kgf} \cdot \text{m/s}$

2) 뉴턴의 운동법칙

(1) 운동의 제1법칙(관성의 법칙)

[합력 "0"일 때 정지]

- 물체의 외부에서 힘이 작용하지 않거나 또는 작용한 힘의 합력이 "0"인 경우, 물체는 현재의 상태(정지 또는 운동)를 유지한다.

- 또한 외부에서 작용하는 힘의 크기가 있을 때 그 힘에 저항하여 현재의 상태를 유지하려는 관성을 갖게 되며, 작용하는 힘의 크기에 따라 일정 한도까지 비례하여 증가하게 된다. 즉 관성(inertia)이란 운동상태의 변화에 저항하려는 성질.

- 이 관성은 우주 내의 모든 물체가 갖는 기본성질이며, 물체의 관성이 클수록 그 물체의 운동상태를 변화시키기 어렵다.

[수직항력]

- "물체가 맞닿아 있기 때문에 생기는 힘"
- 중력이 mg이기 때문에 물체는 책상 아래 방향으로 힘을 받아 움직여야 하겠지만, 책상이 물체에 버티는 힘 "항력"이 물체에 가하고 있어 위아래로는 움직이지 않는 것.
- ➤ 위치가 변하지 않으므로, 속력이 없고, 가속도가 없다. 알짜 힘이 맞닿아 있는 면의 수직방향 성분은 $N - mg$가 되고 가속도가 0이니까 $N - mg = 0$이 된다. 그래서, $N = mg$가 된다.

[관성의 법칙] (관성력 "-ma")

- 또한 외부에서 작용하는 힘의 크기가 있을 때 그 힘에 저항하여 현재의 상태를 유지하려는 관성(慣性)을 갖게 되며, 작용하는 힘의 크기에 따라 일정한도까지 비례하여 증가하게 된다.
- 즉 관성(inertia)이란 운동 상태의 변화에 저항하려는 성질이다.
- 이 관성은 우주 내의 모든 물체가 갖는 기본 성질이며, 물체의 관성이 클수록 그 물체의 운동상태를 변화시키기 어렵다.

(2) 운동의 제2법칙(가속도법칙)

- 물체에 힘이 작용하면 힘의 방향으로 가속도가 생기며 가속도의 크기는 힘의 크기에 비례하고 물체의 질량에 반비례한다.

[가속도 = 힘/질량]

$$a = F/m$$

(F = 힘, m = 질량, a = 가속도)

[운동의 제2법칙(가속도 법칙) F=ma]

- 물체에 힘이 작용하면 힘의 방향으로 가속도가 생기며
- 가속도의 크기는 힘의 크기에 비례하고 물체의 질량에 반비례한다. 가속도 $\propto$ 힘 질량

  $a = F/m$ (F=ma로부터)

Newton's Second Law of Motion

$$a = \frac{F}{m}$$

[뉴턴의 운동법칙 – 가속도]

– 가속도의 법칙은 힘이 가해졌을 때 물체가 얻는 가속도는 가해지는 힘에 비례하고 물체의 질량에 반비례하는 것이다.

[질량(Mass)이란 무엇인가?]

- **■ 질량**

– 질량은 '어떤 물질이 갖고 있는 양'을 말하는데, 영어로는 mass라고 한다.

– 흔히 질량과 무게를 혼동하는 경우가 있다.

– 무게는 질량에다 지구의 중력가속도인 $G = 9.8m/s^2$을 곱한 양으로 힘이다.

– $F = ma$로 표시되는 뉴턴의 제2법칙은 질량과 가속도의 곱은 힘이라는 것을 나타낸다.

$$F = ma$$

(F = 힘, m = 질량, a = 가속도)

– 달에서 질량을 재면 지구와 같지만, 무게는 약 1/6로 줄어든다.

(3) **운동의 제3법칙(작용 반작용의 법칙)**

– 두 물체 사이의 작용과 반작용력은 크기가 같고 방향이 반대이며 동일 직선상에서 작용한다.

– 서로 합할 수 없으며, 두 물체가 떨어져 있어도 공간을 통해 작용할 수 있는 동시 작용력이다.

작용 반작용의 법칙

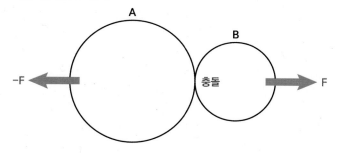

[작용과 반작용 법칙]

- 두 다리로 밀치니 바닥도 날 밀치네, 미는 힘의 크긴 같고, 방향은 반대
- 작용과 반작용 법칙 총을 쏘면 총이 뒤로 밀리거나 (총과 총알) 지구와 달 사이의 만유인력(지구와 달)
- 건너편 언덕을 막대기로 밀면 배가 강가에서 멀어지는 경우가 그 예이다.

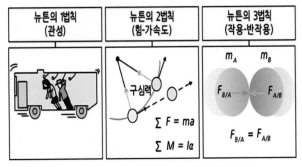

[지구와 달에서의 무게와 질량]

	아저씨	고양이
무게	90kg힘	6kg힘
질량	90kg	6kg

	아저씨	고양이
무게	15kg힘	1kg힘
질량	90kg	6kg

뉴턴의 운동 법칙		물리계를 이루는 기본 원칙
제1법칙	관성의 법칙	물체가 현재의 운동 상태를 유지하려는 현상 ($F1 = -F2$)
제2법칙	가속도의 법칙	질량을 가진 물체가 가속도를 가지려면 질량 곱하기 가속도의 힘을 받아야 한다. ($F = ma$)
제3법칙	작용·반작용의 법칙	물체가 다른 물체에 힘을 가하면 크기는 같고 방향은 반대인 힘을 받는다.

정의(기호)	공식[단위]	내용
힘(F)	$m \cdot a$ [N]	물체의 운동상태, 빠르기, 운동방향, 모양을 변화시켜 관성을 파괴하는 물리량
구심력(F)	$m\dfrac{V^2}{r}$ [N]	원운동 하는 물체에 원 중심으로 작용하는 힘
원심력(F)	$-m\dfrac{V^2}{r}$ [N]	구심력과 반대되는 힘
관성력(F)	$-m \cdot a$ [N]	물체에 운동 변화를 방해하는 힘
마찰력(F)	$\mu \cdot F$ [N]	물체에 외력을 가했을 때 운동을 방해하는 힘
일(W)	$F \cdot S$ [N·m]	힘이 물체에 한 에너지의 양
일률(P)	$\dfrac{W}{t}$ [W] 1HP = 746W 1PS = 733.5W	힘이 단위시간당 물체에 한 일의 양

예제 다음 중 힘의 3요소가 아닌 것은?

㉮ 작용점　　　　　　　　　㉯ 작용선

㉰ 방향　　　　　　　　　　㉱ 크기

해설 힘의 3요소는 물리적인 힘을 설명하는 세 가지 요소로, 힘의 크기, 방향, 작용점을 말한다.
힘의 3요소

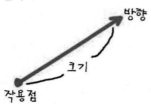

예제 다음의 힘에 관한 설명으로 틀린 것은?

㉮ 힘의 크기는 가하는 힘의 크기를 말한다.

㉯ 힘의 방향은 힘이 가해지는 방향을 말한다.

㉰ 힘은 크기와 방향이 있는 스칼라량이다.

㉱ 힘의 단위는 N(뉴턴)을 사용한다.

해설 힘은 크기와 방향이 있으므로 벡터량이다.

예제 다음 중 힘의 정의에 관한 설명으로 적절하지 않은 것은?

㉮ 크기와 방향, 작용점을 갖는 물리량이다.

㉯ 물체의 운동 상태를 변화시키는 요인이다.

㉰ 정지상태의 물체에는 작용하는 힘이 없다.

㉱ 공간을 통해서도 작용할 수 있다.

해설 물체에는 작용한 힘의 합력이 0인 경우 정지 상태를 유지한다.

[물체가 정지해 있거나 등속도 운동을 하는 경우의 합력]
- 물체가 받는 합력은 0임.
- 이때 수평방향의 합력도 0이 되어야 하고 수직 방향의 합력도 0이 되어야 함.
- 즉, 외력과 정지 마찰력의 합을 0이고, 수직 항력과 중력의 합도 0임.

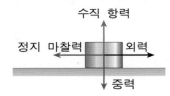

예제 다음 중 힘의 정의에 관한 설명으로 맞는 것은?

㉮ 힘의 평형 시 임의 축에 대한 힘의 합력은 "0"이다.

㉯ **물체의 상태를 변화시키는 요인이다.**

㉰ 뉴턴의 법칙에서 질량에 반비례한다.

㉱ 힘이 주어진 물체의 가속도에 반비례한다.

해설 힘이란 어떤 물체의 운동상태를 변화시키거나 물체의 모양을 변형시키는 요인이다.

예제 다음 중 힘의 단위가 아닌 것은?

㉮ N

㉯ erg

㉰ kg · 중

㉱ dyne

해설 힘의 단위는 다음과 같다.

① 1뉴턴(N): 질량 1kg의 물체에 작용하여 1m/s²의 가속도를 발생시키는 힘의 크기 1N은 dyn(다인)에 해당한다.

1다인(dyn): 질량 1g의 물체에 작용하여 1cm/s²의 가속도를 생기게 하는 힘의 크기

② 1kg·중(kgw 또는 kgf): 질량 1kg의 물체에 작용하는 중력의 크기 1kgw의 힘은 질량 1kg의 물체에 중력가속도 g=9.8m/s²을 생기게 하는 힘이다. 따라서 1kg중=9.8N이다.

예제 다음 힘의 단위가 아닌 것은?

㉮ Joule

㉯ dyne

㉰ 1kg·중

㉱ 9.8N

해설 1J은 1N(뉴턴)의 힘으로 물체를 힘의 방향으로 1m만큼 움직이는 동안 하는 일 또는 그렇게 움직이는 데 필요한 에너지이다. 1J = 1N·m = 1kg·m²/s²(MKS단위) = (1,000g) 그러므로 Joule은 힘의 단위가 아니다.

예제 힘의 단위변환이 아닌 것은?

㉮ 1 N = 1 kg·m/s²

㉯ 1 dyne = 1 g·cm/s²

㉰ 1 kg·중 = 9.8 kg·m/s² = 9.8N

㉱ 1 g·중 = 98 g·cm/s²

해설 힘의 단위 중 중력단위인 1g·중=980g·cm/s²이다.

[SI Unit Basic SI Unit인 kg, m, s의 조합으로 만들어진 단위]		
힘	N newton	$1N = 1\dfrac{kg \cdot m}{s^2}$	1kg의 질량을 갖는 물체를 1m/s²만큼 가속시키는 데 필요한 힘
에너지	J joule	$1J = 1N \cdot m = 1\dfrac{kg \cdot m^2}{s^2}$	1N의 힘으로 물체를 1m 이동시키는 데 필요한 에너지
일률	W watt	$1W = 1J/s = 1N \cdot m/s$ $= 1\dfrac{kg \cdot m^2}{s^3}$	1초 동안 1J의 에너지로 일을 할 경우 일률
압력	Pa pascal	$1Pa = 1N/m^2 = 1\dfrac{kg}{m \cdot s^2}$	1m²에 1N의 힘이 작용할 경우 받는 압력

예제 다음 중 뉴턴의 운동 제1법칙은 무엇인가?

㉮ 관성의 법칙 ㉯ 작용 · 반작용 법칙
㉰ 가속도의 법칙 ㉱ 운동법칙

해설 뉴턴의 운동 제1법칙은 관성의 법칙이다.

예제 달리던 열차가 급정차하면 몸이 앞으로 쏠리는 현상은 뉴턴의 운동법칙 중 어떤 법칙에 해당하는가?

㉮ 관성의 법칙(제1법칙) ㉯ 가속도의 법칙(제2법칙)
㉰ 작용 · 반작용의 법칙(제3법칙) ㉱ 3가지 법칙 모두 해당

해설 관성의 법칙이란 외부충격에 의해 몸이 앞으로 쏠릴 때 원래 정지(서 있던)했던 상태를 유지하려고 하는 성질을 말한다.

예제 뉴턴 운동법칙 중 제 3법칙은?

㉮ 관성의 법칙 ㉯ 가속도의 법칙
㉰ 운동의 법칙 ㉱ 작용 · 반작용의 법칙

해설 물체에 힘을 작용시키면 작용한 힘과 크기가 같고 그 방향이 반대인 반작용의 힘이 작용한 힘에 미친다. 이를 뉴턴운동의 제3법칙이라고 한다.

예제 다음 중 열차가 선로 위를 달릴 수 있는 것과 관계가 있는 뉴턴의 운동의 법칙으로 맞는 것은?

㉮ 관성의 법칙 ㉯ 가속도의 법칙
㉰ 작용과 반작용의 법칙 ㉱ 운동량의 법칙

해설 열차가 선로 위를 달릴 수 있는 것은 열차 바퀴가 선로를 차고 나갈 때 선로에는 이 힘과 똑같은 힘이 바퀴에 반작용하고 있기 때문에 가능한 것이다.

예제 크기는 같고 방향이 반대이며 동일 직선상에서 작용하며, 서로 합할 수 없고 두 물체가 떨어져 있어도 공간을 통해 작용할 수 있는 동시작용력을 무엇이라 하는가?

㉮ 작용 · 반작용의 법칙   ㉯ 만류인력의 법칙
㉰ 운동량 보존의 법칙   ㉱ 관성의 법칙

4. 원운동과 구심력

1) 원운동

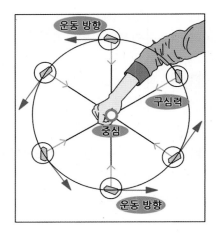

– 등속원운동은 물체에게 작용하는 힘이 항상 물체의 이동방향과 수직이기 때문에, 힘이 하는 일이 0이 된다. 그러므로 물체의 전체 에너지계는 변함이 없게 된다.
– 등속원운동을 하는 물체는 항상 어느 지점이든지 속력(Speed)은 일정해도 운동방향은 계속 변하게 되므로 속도가 변하는 가속도를 갖게 된다.

[물체의 속력 = 이동거리 / 걸린시간]

$$v = 2\pi r/t$$

예제 원운동에 대한 설명 중 틀린 것은?(기출문제)

㉮ 물체가 직경 R인 원둘레를 따라 회전할 때를 말한다.
㉯ 물체가 일정한 속력으로 회전하는 것을 등속원운동이라 한다.
㉰ 등속원운동에서 속력은 일정하나 속도는 운동방향이 바뀌므로 계속 변한다.
㉱ 물체의 속력은 $v = 2\pi r/t$이다.

해설 원운동은 물체가 그리는 궤적이 원을 그리는 운동이다. 등속 원운동은 물체에 외부 힘이 작용하면 모양이 변하거나, 운동의 제2법칙에 따라 속력이나 운동방향이 변한다. 이때 물체의 운동방향에 수직인 힘은 운동방향을 변화시키고, 평행한 힘은 물체의 속력을 변화시킨다. 평행한 힘의 성분이 없고 수직인 성분이 일정할 때, 물체는 등속원운동을 한다. 그리고 원의 중심방향으로 작용하여 물체의 운동방향을 바꾸는 힘을 구심력이라 한다.

예제 다음 원운동과 원심력에 대한 설명으로 틀린 것은?

㉮ 등속원운동에서 속도는 방향이 바뀌므로 변하게 된다.

㉯ 가속도는 원의 중심을 향하게 되므로 구심가속도라 한다.

㉱ **구심력은 물체의 운동방향에 수평으로 작용한다.**

㉲ 원심력은 구심력과 힘의 크기가 같고 방향은 반대이다.

해설 구심력은 원운동하는 물체에서 원의 중심방향으로 작용하는 일정한 크기의 힘으로 물체의 운동방향에 수직으로 작용한다.

예제 다음 중 속도와 가속도의 방향이 항상 직각을 이루는 운동은?

㉮ 등속도 운동   ㉯ 등가속도 직선운동

㉱ **등속원운동**   ㉲ 포물선 운동

해설 속도와 가속도의 방향이 항상 직각을 이루는 운동을 등속원운동이라 한다.

예제 다음 중 어떤 물체가 등속원운동을 하고 있을 때 이 운동에서 변하는 물리량으로 볼 수 있는 것은?

㉮ **가속도의 방향**   ㉯ 가속도의 크기

㉱ 원운동의 각가속도   ㉲ 원운동의 주기

해설 등속원운동에서는 속도는 운동방향이 바뀌므로 가속도의 방향도 계속 변하게 된다.

[구심력]

■ 원운동에서는 가속도가 경로에 수직하고 항상 원의 중심을 향하게 된다.

$$a_c = \frac{v^2}{r}$$

■ ⇒ 구심가속도
직선운동을 하는 물체가 곡선운동을 하기 위해서는 운동방향에 수직인 힘을 받아야 한다.

---

2) 구심력

- 물체가 원운동을 계속하려면 원운동의 중심을 향하는 가속도가 필요하다. 이때 가속도를 갖게 하는 힘을 구심력 이라 한다. 이때의 구심력은 물체의 운동방향에 수직으로 작용한다.
- 모든 물체는 외부로부터 힘을 받지 않으면 자기가 운동하는 상태를 그대로 유지하려는 성질이 있다.
- 이러한 성질을 관성이라고 한다. 물체가 원운동을 하려면, 관성 때문에 한 방향으로 가려는 물체를 안쪽으로 끌어당기는 힘이 있어야 한다. 이 힘을 '구심력'이라고 한다.
- 이번에도 양동이를 돌려 구심력을 찾아보자. 계속 양동이를 돌리면 양동이는 계속 밖으로 가려고 하고, 돌리는 팔은 힘이 든다.
- 그건 양동이가 날아가지 않도록, 중심에 서서 잡아당기고 있기 때문이다. 이때 양동이를 돌리는 힘이 바로 구심력이다. 구심력은 바깥에서 안쪽으로 생긴다.

$$\text{구심력 } F = m\alpha = mr\omega^2 = \frac{mv^2}{r} \qquad F = m\alpha = m\frac{v^2}{r}$$

F: 구심력(dyne), v=속도(cm/s), m=질량(g), r: 반경(cm), w=각속도(cm/s)

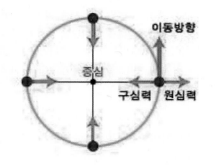

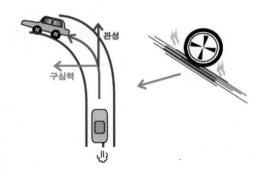

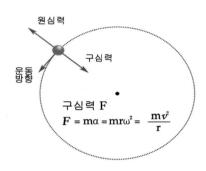

구심력 F
$$F = ma = mr\omega^2 = \frac{mv^2}{r}$$

[구심력]

■ 원운동에서는 가속도가 경로에 수직하고 항상 원의 중심을 향하게 된다.

구심력: F = ma $a_c = \dfrac{v^2}{r}$

■ ⇒ 구심가속도
직선운동을 하는 물체가 곡선운동을 하기 위해서는 운동방향에 수직인 힘을 받아야 한다.

예제 구심가속도를 구하는 공식으로 옳은 것은?(v: 속력, m: 질량, r: 괘도의 반지름, w: 가속도)

㉮ mv^2/r ㉯ v^2/r

㉰ mr^2w ㉭ mv/r

해설 구심가속도는 궤도의 곡률중심을 향하는 방향의 가속도 성분. 특히 등속원운동에서는 원의 중심을 향한다. 물체의 속도의 방향과 항상 수직한 방향, 즉 운동궤도의 법선방향으로 향하므로 법선가속도라고도 한다. 직선운동을 하는 물체가 곡선운동을 하기 위해서는 운동방향에 수직인 힘을 받아야 한다. 이렇게 운동방향에 수직인 가속도 성분은 곡선궤도의 곡률중심을 향하게 되며 물체가 등속원운동을 하고 있을 경우에 곡률중심은 원의 중심과 일치한다.

예제 다음 중 원형곡선선로를 디젤동차가 달리고 있을 때 차의 속력이 2배로 되었을 때 곡선선로에서 차량이 이탈되는 것을 막기 위한 구심력은 처음의 몇 배 인가?

㉮ 1/4 ㉯ 1/2

㉰ 2 ㉱ 4

해설 구심력이므로 차의 속력(v)이 2배로 되면 구심력은 처음의 4배이다.

$$F = ma = m\frac{v^2}{r}$$

[구심가속도와 구심력]

■ 구심가속도

$$a_c = \frac{v^2}{r}, \qquad \vec{a_c} \perp \vec{v}$$

등속원운동 하는 동안 원주 둘레를 도는 물체의 주기는

$$T = \frac{2\pi r}{v}$$

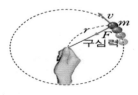

■ 구심력
뉴턴의 제2법칙으로부터, $\vec{F} = m\vec{a}$

$$F = ma_c = \frac{mv^2}{r}, \qquad \vec{a_c} \parallel \vec{F}$$

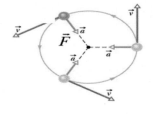

예제 속도가 v1에서 v2로 변함에 따라 구심력이 4배가 증가하였다면, 나중 속도는 처음 속도의 몇 배인가?

㉮ 2배   ㉯ 4배

㉰ 8배   ㉱ 16배

해설 구심력 $F = ma = m(V^2/r)$이므로 F가 4배가 되었다면 나중속도는 처음속도의 2배이다.

예제 반경 10m인 원 주위를 20m/s의 속력으로 돌고 있는 무게 5kg인 물체의 가속도는?

㉮ $10m/s^2$ ㉯ $20m/s^2$

㉰ $30m/s^2$ ㉱ $40m/s^2$

해설 구심가속도 $a = v^2/r$ $a = (20 \times 20 = 400m/s)/10m = 40m/s^2$

예제 질량이 4kg인 물체가 반경 2m인 원을 그리며 등속원운동을 하고 있다. 이 물체에 작용하는 구심력이 18N일 때 물체의 속력은?

㉮ 1m/s   ㉯ 2m/s

㉰ 3m/s   ㉱ 4m/s

해설 $F = ma = m(v^2/r)$에서 $18 = 4 \times (v^2/2)$ $v = 3$

3) 원심력

- 관성력의 일종으로 원운동을 유지시키는 힘인 구심력의 관성력이 바로 원심력이다. 힘의 크기는 구심력과 같은 $F = m^2 r\omega$ 이고
- 방향은 구심력과 반대이며 원 밖으로 나가려는 쪽으로 작용하는 가상의 힘을 말한다.

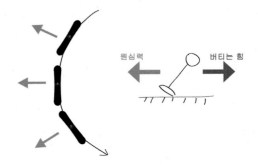

멀어지려는 원심력과 끌어다니는 구심력이 만나다.

$$F_c = ma_c = mrw^2 = \frac{mv^2}{r}$$

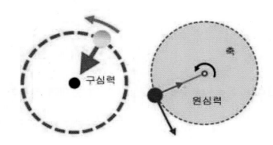

[예제] 다음 중 원심력에 관한 설명으로 적절하지 않는 것은?

㉮ 원심력과 구심력은 방향이 반대이고 크기는 같다.

㉯ 원심력은 질량에 비례하고 반경에 반비례한다.

㉰ 원심력의 크기는 회전반경에 비례한다.

㉱ 원심력은 속도제곱에 비례한다.

[해설] F = ma = m(v^2/r)에서 원심력의 크기는 회전반경에 반비례한다.

4) 관성력

- 버스가 출발하는 순간 승객의 몸은 뒤로 쏠린다.
- 버스에 고정되어 있는 카메라로 관찰하면 버스는 고정되어 있는데 승객이 갑자기 뒤로 움직인다.
- 이 승객을 뒤로 잡아다니는 힘을 관성력이 라고 한다.
- 하지만 이 힘은 실제로 존재하지 않는 가 상적인 힘이다.
- 관성력은 가속도 운동을 하는 경우에만 발 생하는 가상의 힘이다.

관성력 (Inetia)

예제 가속도운동을 하는 경우에만 발생하는 가상의 힘은?

㉮ 구심력   ㉯ 원심력
㉰ 관성력   ㉱ 마찰력

해설 관성력은 가속도운동을 하는 경우에만 발생하는 가상의 힘이다.

예제 다음 중 운동에 관한 설명으로 틀린 것은?

㉮ 관성력은 등속도 운동 시 발생하는 가상의 힘이다.
㉯ 구심력은 물체의 운동방향에 수직으로 작용한다.
㉰ 원심력은 구심력과 반대로 작용하는 가상의 힘이다.
㉱ 원운동을 계속하려면 중심을 향하는 가속도가 필요하다.

해설 관성력은 가속도운동 시 발생하는 가상의 힘이다.

5) 마찰력

- 물체에 외력을 가하면 물체의 접촉면을 따라서 이 힘과 반대의 방향으로 운동을 방해하려는 힘
- 즉 두 물체가 접촉하여 운동할 때 그 운동을 방해하는 힘
- 마찰력은 물체간의 면이 접해서 생기는 접선력이다.
- 물체의 운동방향과 반대로 작용

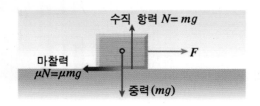

[마찰력]

- 수직항력과 두 물체사이의 마찰계수 값에 비례
- 마찰계수의 크기는 접촉면의 성질에 관련
- 마찰력은 접촉면 넓이와 무관

- 정지 마찰계수＞미끄럼 마찰계수＞회전 마찰계수 〈정 미 회〉
  ※ 마찰계수 영향요인: 온도, 습도, 수직항력, 물체의 끈끈한 정도

$$F(마찰력) = \mu N = \mu mg$$

(F: 마찰력, μ: 마찰계수, N: 수직항력)

$$\mu = F/N = Tan\theta$$

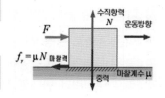

- ➤ 최대정지마찰력: 물체가 움직이는 그 순간의 마찰력으로 수직항력(N)에 비례
- ➤ 수직항력: 물체가 접촉면을 수직으로 누르는 힘의 반작용으로 나타나는 힘.
- ➤ 운동마찰력: 물체가 운동을 시작한 후에 받는 마찰력으로 수직항력에 비례.

예제 다음은 마찰력에 대한 설명이다. 아닌 것은?

㉮ 물체끼리 면이 접해서 생기는 접선력이다.

㉯ 물체의 운동방향과 반대로 작용한다.

㉰ 수직항력과 두 물체사이의 값에 반비례한다.

㉱ 최대정지마찰력은 물체가 움직이는 순간의 마찰력이다.

해설 수직항력은 물체가 접촉면을 수직으로 누르는 힘의 반작용으로 나타나는 힘이다.
마찰력의 정의 및 마찰계수의 크기는 다음과 같다.
- 물체에 외력을 가하면 물체의 접촉면을 따라서 외력과 반대방향으로 물체 운동을 방해하려는 힘을 마찰력이라 한다.
- 마찰력은 물체의 운동을 방해하는 힘이므로 항상 물체의 운동 방향과 반대 방향으로 작용하며 수직항력과 두 물체 사이 마찰계수 값에 비례한다.
- 마찰계수의 크기접촉면의 성질에 따라 다르며 접촉면 넓이와 무관하다.
- 일반적으로 정지마찰계수(u)는 >운동마찰계수(u1)보다 크다.
- 마찰계수 크기는 정지마찰계수>미끄럼마찰계수>회전마찰계수(정미회)순이다. 최대정지마찰력이란 물체가 움직이는 순간의 마찰력이다.

예제 다음 중 물체에 외력을 가하면 물체의 접촉면을 따라서 외력과 반대방향으로 물체의 운동을 방해하려는 힘이 발생하도록 만드는 힘은?

㉮ 구심력   ㉯ 원심력

㉰ 마찰력   ㉱ 관성력

예제 다음 중 마찰력에 대한 설명으로 틀린 것은?

㉮ 마찰계수의 크기는 접촉면의 넓이와는 무관하다.

㉯ 운동 마찰력은 수직항력에 비례한다.

㉰ 마찰계수 크기는 정지> 미끄럼> 회전마찰계수 순이다

㉱ 수직항력과 중량의 크기는 같고 작용과 반작용이다.

해설 수직항력과 중력의 크기는 같고 작용과 반작용이다.

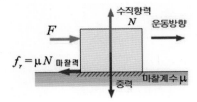

예제 마찰력에 대한 설명 중 틀린 것은?

㉮ 물체끼리 면이 접해서 생기는 접선력이다.

㉯ 물체의 운동방향과 반대로 작용한다.

㉰ 물체가 면으로부터 받는 수직항력에 비례한다.

㉱ 마찰계수는 접촉면 넓이와 비례한다.

해설 마찰계수의 크기접촉면의 성질에 따라 다르며 접촉면 넓이와 무관하다.

예제 다음 중 마찰력에 관한 설명으로 틀린 것은?

㉮ 물체와 물체 또는 면간의 접선력이다.　　㉯ 물체의 운동방향으로 작용한다.

㉰ 수직항력에 비례한다.　　　　　　　　　　㉱ 물체에 가해진 힘과 비례한다.

해설 마찰력은 물체의 진행을 방해하는 저항력으로서 물체의 운동방향과 반대방향으로 작용한다.

예제 다음 중 물체에 외력을 가하면 물체의 접촉면을 따라서 외력과 반대방향으로 물체의 운동을 방해하려는 힘이 발생하도록 만드는 힘은?

㉮ 구심력　　　　　　　　　　　　　　㉯ 원심력

㉰ 마찰력　　　　　　　　　　　　　　㉱ 관성력

예제 다음 마찰력에 대한 설명 중 틀린 것은?

㉮ 정지마찰계수는 운동마찰계수보다 작은 값이다.

㉯ 물체끼리의 면이 접해서 생기는 접선력이다.

㉰ 수직항력과 마찰계수 값에 비례하며, 물체의 운동방향과 반대로 작용한다.

㉱ 마찰계수는 접촉면의 성질에 따라 다르다.

해설 마찰계수의 크기는 정지마찰력＞미끄럼마찰력(운동마찰력)＞회전마찰력(정미회)

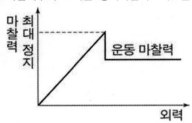

예제 다음 중 마찰력에 대한 설명으로 틀린 것은?

㉮ 물체끼리 면이 접해서 생기는 접선력이라고 한다.
㉯ 물체의 운동방향과 반대로 작용한다.
㉰ 수직항력과 두 물체사이의 마찰계수 값에 반비례한다.
㉱ 최대정지 마찰력은 물체가 움직이는 순간의 마찰력이다.

해설 수직항력과 두 물체사이의 마찰계수 값에 비례한다.
F(마찰력) = u(마찰계수) ×N(수직항력)

5. 일과 에너지

1) 일의 정의

－힘이 물체에 작용하고 물체가 힘의 방향으로 이동할 때 일을 한다고 한다.
－에너지의 단위는 일과 같은 단위인 J를 사용
－에너지가 있으면 일을 할 수 있고, 일을 해주면 에너지로 저장될 수 있다.

$$W=FS$$

(W: 일, F: 힘, S: 물체가 이동한 거리)

$$일의 \ 양(J) = 힘(N) \times 이동한 \ 거리(m)$$

－일의 단위는 J(줄)을 사용

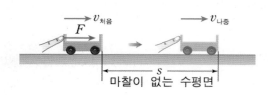
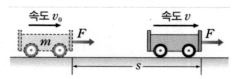

2) 일의 단위

① 절대 단위

㉮ 1Joule = 1N의 힘으로 어떤 물체를 1m 이동시켰을 때에 해당하는 일
   (1Joule = 1N · m = 1kg · m/s = 107erg)

㉯ 1erg = 1dyn(다인)의 힘이 그 힘의 방향으로 물체를 1cm 움직이는 일
   (1dyne · cm = 1g · cm²/s²)

② 중력 단위

㉮ 1kgf · m = 9.8kg · m²/s² = 9.8J

㉯ 1gf · cm = 980g · cm²/s² = 980erg

예제 다음 중 일의 단위가 아닌 것은?

㉮ Joule   ㉯ erg
㉰ N·m   ㉱ N

해설 N(뉴턴)은 힘의 단위이다.

예제 다음 설명 중 틀린 것은?

㉮ 1Joule = 1N · m = 1kg · m²/s² = 107erg

㉯ 1erg = 1dyne · cm

㉰ 1kg · 중 · m = 9.8kg · m²/s² = 9.8J

㉱ 1g · 중/cm = 980kg · cm²/s²

예제 다음 보기에 빈칸의 순서에 맞게 나열된 것을 고르시오.

> "1Joule은 (ㄱ)가 (ㄴ)을 가진 도체를 통과할 때의 양으로 표시할 수 있다. 1Watt는 (ㄷ)으로 (ㄹ)가 매초 소비하는 전기에너지를 말한다."

㉮ 10A의 전압 / 1Ω의 저항 / 1V를 전압 / 1A의 불변전류
㉯ 1A의 전압 / 1V를 전압 / 1Ω의 저항 / 1A의 불변전류
㉰ 1A의 불변전류/ 1Ω의 저항 / 1V를 전압 / 10A의 전압
㉱ 1A의 전류 / 1Ω의 저항 / 1V를 전압 / 1A의 불변전류

예제 1Watt에 대한 설명으로 옳은 것은?(기출문제)

㉮ 1A의 전류가 1Ω의 저항을 가진 도체를 통과할 때의 양을 말한다.
㉯ 1V를 전압으로 1A의 불변전류가 매초 소비하는 전기에너지를 말한다.
㉰ Watt는 일의 단위이다.
㉱ 절단위와 중력단위 중 중력단위에 속한다.

해설 1Joule은 1A의 전류가 1Ω의 저항을 가진 도체를 통과할 때의 양
1Watt는 1V를 전압으로 1A의 불변전류가 매초 소비하는 전기에너지

6. 일률

[일률]

－일률: 단위 시간(1초) 동안 한 일의 양 [단위: W(와트), HP(마력)]

$$일률(P) = \frac{일의\ 양(W)}{걸린\ 시간(t)}, \quad P = \frac{W}{t}$$

$$P = \frac{W}{t} = \frac{F \times S}{t} = F \times \frac{S}{t} = F \times v$$

이동거리를 시간으로 나눈 값
= 속력

30N의 힘으로 밀어서 2m/s의 속력이 되었다.
일률은 바로 60W가 된다.
간단하다.

일률 = 힘 × 속력

예제 어떤 물체를 30N의 힘으로 수평방향으로 2m 움직였다. 이때 10s 걸렸다면 한 일률은 얼마인가?

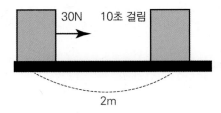

30N   10초 걸림

2m

해설 – 바로 일률부터 계산한다.
– 먼저 30N * 2m = 60J이 되고 이를 시간으로 나누면 60J / 10s = 6J/s가 된다.
– 이때 일률의 단위는 자연스레 J/s가 나온다. 이를 줄여서 W(와트)라고 부른다.

$$일률(W) = \frac{일(J)}{시간(s)} = \frac{힘(N) \times 거리(m)}{시간(s)} = 힘(N) \times 속력(m/s)$$

예제 다음 중 단위시간에 한 일의 비율로 맞는 것은?

㉮ 일   ㉯ 에너지
㉰ 일률   ㉱ 운동량

해설 일률이란 단위시간에 한 일의 비율이다. 단위시간 동안에 한 일의 양을 말한다. 시간 t 동안에 W의 일을 하였다면 일률 P = W/t이다. 일률의 단위는 W(와트)를 쓰며 1W는 매초 1J의 일을 할 때의 일률이다. 즉, 1W = 1J/s이다.

예제 **일률이란?**

㉮ 힘의 크기 × 일의 크기   ㉯ 힘의 크기 × 가속도
㉰ 힘의 크기 × 속도   ㉱ 힘의 크기 × 움직인 거리

해설 일률 = 힘 × 속력
P = W/t = F × S/t = F × v(힘의 크기 × 속도)
–30의 힘으로 밀어서 2m/s의 속력이 되었다.
일률(P)은? 바로 60W가 된다.

예제 다음 중 2kg 물체의 가속도가 2m/s²이고 속도는 4m/s일 때 일률은?

㉮ 8

㉯ 16

㉰ 32

㉱ 64

해설 P = W/t = F × S/t = F × v(힘의 크기 × 속도) = mav(F = ma이므로)이므로
M = 2kg, a = 2m/s², v = 4m/s를 대입하면 16이 나온다.

예제 다음 일률의 단위로 틀린 것은?

㉮ W

㉯ J/s

㉰ N·m/s

㉱ dyne·cm/s

해설 W는 일을 나타내는 단위이다. W(일)=F(힘)×S(물체가 이동한 거리)

7. 에너지

[에너지에 대한 정의]
① 에너지는 일을 할 수 있는 능력을 말한다.
② 일을 하면 에너지는 감소하고 일을 받으면 에너지는 증가한다.
③ 단위는 일의 단위인 J을 사용한다.
④ 에너지에는 운동·위치·탄성·열·빛 에너지 등이 있다.
⑤ 역학적에너지란 운동에너지(Ek)와 위치에너지(Ep)의 합이다.
⑥ 운동에너지(Ek)=mv^2 /2 (m: 질량(kg) v: 속도(m/s))
⑦ 위치에너지(Ep)=mgh[m: 질량(kg) g: 중력(9.8) h: 높이(m)]

일 = 에너지
W = F × S
$W = ma \times \frac{1}{2}at^2$
$W = m\frac{v}{t} \times \frac{1}{2}at^2$
$W = \frac{mv}{t} \times \frac{1}{2}\frac{v}{t}t^2$
$W = \frac{1}{2}mv^2$

예제 에너지에 대한 설명으로 옳지 않은 것은?

㉮ 에너지의 종류는 위치에너지, 탄성에너지, 운동에너지, 열에너지가 있다.

㉯ **일을 하면 에너지가 늘어난다.**

㉰ 역학적에너지는 운동에너지+위치에너지이다.

㉱ 운동에너지는 질량과 속도의 제곱에 비례한다.

해설 에너지에 대한 정의는 다음과 같다.
① 에너지는 일을 할 수 있는 능력을 말한다.
② 일을 하면 에너지는 감소하고 일을 받으면 에너지는 증가한다.
③ 단위는 일의 단위인 J을 사용한다.
④ 에너지에는 운동 · 위치 · 탄성 · 열 · 빛 에너지 등이 있다.
⑤ 역학적에너지란 운동에너지(Ek)와 위치에너지(Ep)의 합이다.
⑥ 운동에너지(Ek) = $mv^2/2$ (m: 질량(kg) v: 속도(m/s))
⑦ 위치에너지(Ep) = mgh[m: 질량(kg) g: 중력(9.8) h: 높이(m)]

예제 다음 에너지에 대한 설명 중 틀린 것은?

㉮ **운동에너지는 운동속도에 비례한다.**

㉯ 에너지란 일 할 수 있는 능력이다.

㉰ 물체가 기준위치와 다른 위치에 있으면 위치에너지를 가진다.

㉱ 운동에너지와 위치에너지는 물체의 질량에 비례한다.

해설 운동에너지는 운동속도의 제곱에 비례한다.
– 운동에너지(Ek) = $mv^2/2$ (m: 질량(kg) v: 속도(m/s))
– 위치에너지(Ep) = mgh[m: 질량(kg) g: 중력(9.8) h: 높이(m)]
  [m: 질량(kg) v: 속도(m/s)]

예제 다음 중 운동에너지 요건으로 적절하지 않은 것은?

㉮ 물체의 질량에 비례한다.

㉯ 속도의 제곱에 비례한다.

㉰ **물체중량에 반비례하고 속도제곱에 비례한다.**

㉱ 물체중량에 비례하고 중력가속도에 반비례한다.

해설 운동에너지(Ek) = $mv^2/2$ (m: 질량(kg) v:속도(m/s)) 그러므로 운동에너지는 질량에 비례하고 속도제곱에 비례한다.

예제 다음 중 질량이 2kg, 속도가 36km/h인 물체의 운동에너지는?

㉮ 100J

㉯ 100N

㉰ 1296J

㉰ 1296W

해설 운동에너지(Ek) = mv² / 2 (m: 질량(kg) v: 속도(m/s))
36km/h를 m/s로 전환하면 10m/s
Ek = 2 × 100/2 = 100

예제 운동에너지가 9배가 되면 속도는 몇 배가 되는가?

㉮ 3

㉯ 6

㉰ 9

㉰ 18

예제 다음 중 질량이 10kg, 높이가 10m일 때 위치에너지는?

㉮ 100J

㉯ 490J

㉰ 980J

㉰ 1,960J

해설 위치에너지(Ep) = mgh[m: 질량(kg) g: 중력(9.8) h: 높이(m)]
Ep = 10 × 9.8 × 10 = 980J

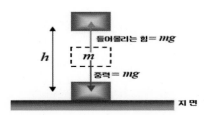

예제 질량이 40kg인 물체가 지표면으로부터 높이 10m인 크레인에 매달려 있다면 이 물체의 위치에너지를 구하시오.

㉮ 1,960J

㉯ 980J

㉰ 3,920J

㉰ 400J

해설 Ep = mgh ⇒ m = 40kg, g = 9.8m/s²
h = 10m를 대입하면 3,920J을 구할 수 있다.

제4장

동력차 특성과 견인력

제4장

동력차 특성과 견인력

제1절 **전하, 전압, 전류, 저항이란?**

〈전하, 전압, 전류, 저항〉

전하: 어떤 물질이 가지고 있는 전기의 양.

- 전기와 전자에 대하여 공부할 때 반드시 먼저 알아야 하는 것이 전압, 전류, 저항이다. 우리 집에 들어오는 가정용 전기가 그냥 발전소에서 나온 전기 그대로가 아니다. 전압, 전류, 저항을 가지고 조정된 전기를 쓰고 있다.
- 전기는 전자가 움직이면서 발생한다. 전자는 전하를 가지고 있는데 전하가 실제로 일을 하는 것이다. 형광등, 휴대폰 등 이런 것들도 모두 이런 전자의 움직임을 이용하고 있는 것이다.
- 전자를 사람과 비교할 수 있다. 사람이 아침부터 생활하면서 무엇인가 활동을 한다.
- 사람이 할 수 있는 모든 활동에너지를 전하라고 말할 수 있다. 아파서 병상에 누워있어도 신체는 면역활동을 통하여 끊임없이 활동하므로 전하가 없는 경우는 없다.

(1) 전압(Voltage)

− 전압은 두 점 사이에서 발생하는 전하의 차이를 의미한다.
− 아침부터 열심히 활동하여 저녁쯤에 녹초가 된다면 아침부터 저녁까지 소비한 에너지의 차이가 전압이다.

전압: 두 지점의 전위 에너지 차이 (전위차)로 인해 발생되는 힘(압력)

(2) 전류(Current)

− 전류는 이런 전하가 흐르는 속도이다.
− 속도와 같은 개념이므로 아침에 에너지가 꽉 차 있다면 당연히 속도가 빠를 수 있다.
− 전기를 잘 이해하려면 결국 전하의 움직임을 잘 이해해야 한다.
− 전하의 움직임은 결국 전자가 어떻게 행동하느냐와 관련이 있는 것이다.

전하: 어떤 물질이 가지고 있는 전기의 양

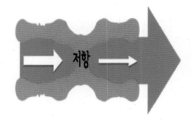

(3) 회로(Circuit)

− 이런 전하가 한 곳에서 다른 곳으로 움직이도록 하는 길이다.
− 회로의 여러 부품들이 우리가 이런 전하를 조절하게 해주고 그것으로 일을 하게 한다.

(4) 저항(Resistance)

− 저항은 이러한 전하의 흐름을 막는 힘
− 위에서 전류가 흘러가는데 이 흐름을 막고 있는 것이 바로 저항
− 전류와 저항은 거의 상극인 관계
− 길을 막으면 속도가 빠르지 않은 것은 당연

1. 직류직권전동기의 원리

[직류직권전동기(디젤기관차, 전기기관차, 전기동차 일부)]

◆ 직류전동기:

　－전압이 걸려 전류가 흐르면 자기장이 발생

　－자기장이 플레밍의 왼손 법칙으로 인해 동력이 생겨
　　서 작동하는 원리

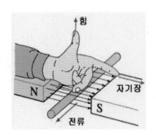

◆ 플레밍의 왼손 법칙(전자력의 방향 결정 법칙)

　－전자력의 방향을 결정하는 법칙이며

　－엄지는 힘(F)의 방향,

　－검지는 자기장(B)의 방향,

　－중지는 전류(I)의 방향이다.

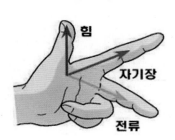
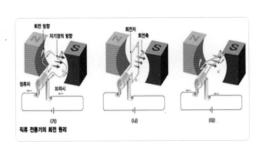

[동력차의 차륜 회전방식 채택 시 고려사항]

－동력차의 차륜 회전방식은 동력전달 효율, 속도 및 견인력제어의 용어, 유지보수의
　경제성 등에 따라 채택된다.

－전기기관차는 전동기로 차륜을 회전시켜 주행하는데 이 전동기를 견인전동기 또는
　주전동기라 부른다.

－일반적으로 전기기관차에서 사용하는 직류전동기는 제어 기술상, 회전 특성상 견인
　전동기로 가장 적합한 것이 바로 직류직권전동기이다.

－자계 내에 전류가 흐르는 도체를 놓으면 이 도체는 Fleming의 왼손 법칙에 의한 힘
　이 작용한다.

－이 힘(회전력)이 전기자에 전달되어 회전축을 회전시키게 된다. 직류직권전동기의 회전특성은 중저속용 열차(150km/h 이하)의 주행특성을 결정한다.

[전동기 종류]

Ⅰ. 직권 전동기: 전기자 코일과 계자코일이 직렬로 연결된 것이며, 각 코일에 흐르는 전류는 일정하다.

Ⅱ. 분권 전동기: 전기자 코일과 계자코일이 병렬로 연결된 것이며, 각 코일에는 전원전압이 가해져 있다.

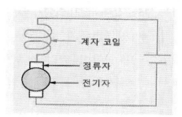

직류직권 전동기 회로도

Ⅲ. 복권 전동기: 전기자코일과 계자코일이 직렬과 병렬로 연결된 것이며, 계자코일의 자극의 방향이 같다. 복권 전동기는 직권과 분권의 중간적인 특성을 나타낸다.

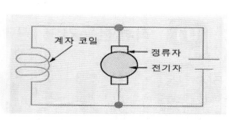

직류분권 전동기 회로도

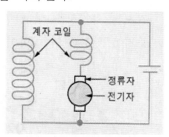

복권전동기의 회로도

[직류기의 구조]

Ⅰ. 계자(field: 자석, 극수): 자속을 만드는 부분

Ⅱ. 전기자(armature): 자속을 절단하여 기전력을 유도하는 부분

Ⅲ. 정류자(commutator): 브러시와 접촉하여 전기자에 유도된 교류기전력을 직류로 변환하는 부분

Ⅳ. 브러시(brush): 정류자면과 접촉하여 전기자권선과 외부 회로 연결

* 자속: 어떤 면을 통과하는 자기력선의 집합(또는 자기력선의 수)

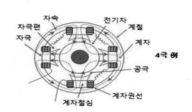

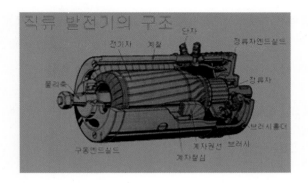

계자(Field Magnet)

• 발전기, 전동기 등 전자기기에서 주 자속을 만들어내는 부분
  − 한편, 자속을 끊으며 기전력이 유도되는 부분은, 전기자라고 함
• 계자 권선(Field Winding)
  − 자속을 만들어내는 권선

단자전압(Termianl Voltage)
발전기, 부하, 전등, 전동기 따위의 전기 에너지를 소비하는 장치의 단자 사이에 실제로 나타나는 전압

전압강하
전류가 두 전위 사이를 흐를 때 저항을 직렬로 여러 개 연결하면 전류가 각 저항을 통과할 때 다마 옴의 법칙[전압(V) = 전류(I)·저항(R)]만큼 전압이 작아져 나타나는 현상을 전압강하라 한다.

기전력
기전력이란 단위전하당 한 일이다. 간단히 말해 낮은 퍼텐셜에서 높은 퍼텐셜로 단위전하를 이동시 키는 데 필요한 일이다.

역기전력
회로의 전류 변화에 의해 생기는 전류와 반대 방향의 기전력. 또는, 회로를 관통하는 자기력선속(磁 氣力線束)의 변화를 방해하는 방향으로 생기는 기전력.

자속
자기 선속(磁氣線束, magnetic flux) 또는 자기 다발 또는 자기력선속(磁氣力線束) 또는 자속(磁氣) 은 어떤 가상의 곡면에 작용하는 총 자기력을 나타내는 물리량이며, 곡면의 넓이와 곡면에 대하여 수직인 자기장 성분의 곱이다.

전하
전하(電荷, electric charge)는 전기현상을 일으키는 주체적인 원인이다. 특히 공간에 있는 가상의 점이 갖는 전하을 점전하라고 하고, 전하의 양을 전하량이라고 한다.

예제 **다음 중 동력차 차륜회전 방식 채택 시 고려사항이 아닌 것은?**

㉮ 동력전달효율　　　　　　　　　　㉯ 견인력제어의 원활

㉰ 유지보수의 경제성　　　　　　　　**㉱ 동력차별 특성**

해설 동력차 차륜회전 방식 채택 시 고려사항은 다음과 같다.
　　　① 동력전달효율
　　　② 속도 및 견인력제어의 용이성
　　　③ 유지보수의 경제성

예제 **다음 중 동력차 차륜회전 방식이 다른 것은?**

㉮ **7400**　　　　　　　　　　　　㉯ 8100

㉰ 8200　　　　　　　　　　　　　㉱ KTX

해설 동력차 차륜회전 방식은 다음과 같다.
　　　① 직류직권전동기방식: 디젤전기기관차, 전기기관차, 전기동차 일부
　　　② 액압변속기방식: 도시통근형동차(CDC), 전후동력차(PP)
　　　③ 유도전동기방식: 전기동차, 8100호대, 8200호대, KTX, KTXⅡ

■ 차량별 견인전동기 종류

구 분	차 량 종 류		견인전동기 종류
전기차량	고속차량	KTX(18,200마력)	3상동기전동기
	전기 기관차	8000대(5,300마력)	직류직권전동기
		8100대(7,200마력) 8200대(7,200마력)	3상유도전동기
	전동차	저항제어	직류직권전동기
		inverter제어	3상유도전동기
디젤차량	디젤전기 기관차	2000대(800마력) 3000대(875마력) 4000대(1,310~1,500마력) 5000대(1,750마력) 6000대(1,800~2,000마력) 7000대(3000마력)	직류직권전동기
	디젤동차	PP디젤동차(1,980마력×2) NDC디젤동차 CDC디젤동차	액압변속기방식

예제 다음 중 동력차 차륜회전 방식이 액압변속기인 차량은?

㉮ 디젤전기기관차　　　　　　　　　　㉯ 전기동차
㉰ 디젤동차　　　　　　　　　　　　　　㉱ 전기기관차

예제 다음 중 직류직권전동기가 회전 원리에 관한 법칙으로 맞는 것은?

㉮ 플레밍의 왼손법칙　　　　　　　　　㉯ 렌츠의 법칙
㉰ 옴의 법칙　　　　　　　　　　　　　㉱ 페레데이 법칙

해설 자기장 속에 있는 도선에 전류가 흐를 때 자기장의 방향과 도선에 흐르는 전류의 방향으로 도선이 받는 힘의 방향을 결정하는 규칙으로 전자력의 방향을 왼손으로 간단히 나타내는 방법이다. 왼손의 엄지손가락, 집게손가락 및 가운데 손가락을 서로 직각이 되게 벌리고 집게손가락을 자계의 방향, 가운데 손가락을 전류의 방향으로 하면 엄지손가락은 전자력의 방향을 가리키게 된다. 직류직권전동기의 회전 원리는 플레밍의 왼손법칙의 적용을 받는다.

예제 다음 중 동력차 차륜회전 방식이 다른 것은?

㉮ 8000　　　　　　　　　　　　　　　㉯ 8100
㉰ 8200　　　　　　　　　　　　　　　㉱ KTX

해설 8000대는 고속차량의 종류 중 하나이며 직류직권전동기방식이다.
동력차 차륜회전 방식은 다음과 같다.
① 직류직권전동기방식: 디젤전기기관차, 전기기관차, 전기동차 일부
② 액압변속기방식: 도시통근형동차(CDC), 전후동력차(PP)
③ 유도전동기방식: 전기동차, 8100호대, 8200호대, KTX, KTXⅡ

예제 다음 중 디젤전기기관차에 사용하고 있는 견인전동기 형식으로 맞는 것은?

㉮ 유도전동기　　　　　　　　　　　　㉯ 직류직권전동기
㉰ 액압변속기　　　　　　　　　　　　㉱ 교류전동기

예제 다음 중 철도차량용 직류직권전동기의 구비조건에 관한 설명으로 틀린 것은?

㉮ 기동회전력이 커야 한다.

㉯ 속도변화폭이 커야 한다.

㉰ **회전속도가 클 때 전류값이 커야 한다.**

㉱ 병렬운전 시 부하 불균형이 작아야 한다.

해설 직류직권전동기의 구비조건은 다음과 같다.
  ① 기동회전력이 클 것
  ② 회전속도가 낮을 때 회전력이 클 것
  ③ 속도 변화폭이 커서 속도제어가 용이할 것
  ④ 회전속도가 클 때 전류가 적어서 전력 소비량이 작을 것
  ⑤ 병렬 운전할 때 부하 불균형이 적을 것
  ⑥ 운전 중 급격한 전류, 전압의 변동에도 고장이 발생하지 않을 것

예제 다음 중 직류직권전동기와 직류분권전동기의 특성 중 가장 큰 차이로 볼 수 있는 것은?

㉮ 전류값의 변화

㉯ 전류에 대한 회전력의 변화

㉰ **전류에 대한 회전수의 변화**

㉱ 전압에 대한 회전수의 변화

해설 직류직권전동기는 전류의 변화에 대하여 반비례하는 특성을 가지며 직류분권전동기는 전류의 변화에 대하여 일정 속도를 얻을 수 있는 장점을 가지고 있다.

2. 직류직권전동기의 특성

[직류직권전동기의 구비하여야 할 조건]

① 기동회전력이 클 것

② 회전속도가 낮을 때 회전력이 클 것

③ 속도변화폭이 커서 속도제어가 용이할 것

④ 회전속도가 클 때 전류가 적어서 전력소비량이 적을 것

⑤ 병렬운전 시 부하불균형이 적을 것

⑥ 운전 중 급격한 전류·전압의 변동 시에도 고장이 발생치 않을 것

1) 주전동기의 회전력

- **회전력이란?**
    - 토크(torque)는 '회전력'이다: 회전력, 回(돌 회)轉(구를 전)力(힘 력), rotational force
    - 다시 말해서, '토크'는 '회전하는 힘'이다.
    - 일반적으로 '힘(force)'이라고 하면, 똑바로 움직이는 운동인 '직진(병진) 운동'에서의 '직진'을 뜻하는 데 반해, '토크(torque)'는 물체가 도는 '회전 운동'에서의 '회전하는 힘'을 뜻한다.

효과적인 몽키스패너(screw wrench) 사용

- 최대한 렌치 바(bar)의 끝부분을 쥐고 렌치 바의 수직방향으로 힘을 가한다.

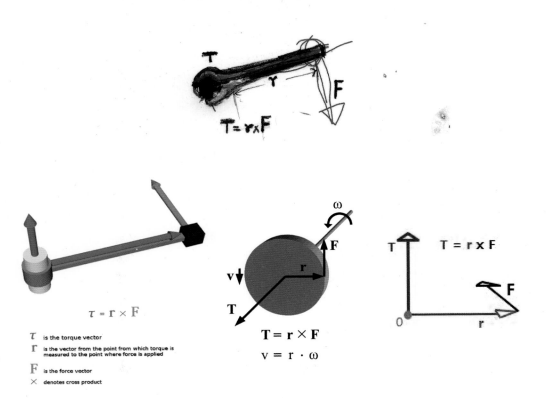

$$\tau = r \times F$$

τ is the torque vector
r is the vector from the point from which torque is measured to the point where force is applied
F is the force vector
$\times$ denotes cross product

$$T = r \times F$$
$$v = r \cdot \omega$$

$$T = r \times F$$

[전동기의 회전력(토크: T), 속도(N), 토크제어 간의 관계]

■ 회전력(토크: T)과 속도(N)

(1) 토크(회전력): 열차를 움직이게 하거나 가속시킨다.

(2) 회전속도: 열차의 속도를 제어한다.

ㅡ 여기서 회전속도가 빨라봐야 열차의 부하(무게)를 뛰어 넘는 토크가 없으면 열차가 속도를 높이며 가속할 수 없다.

ㅡ 속도를 높이려면 회전속도도 중요하지만, 그 속도에 알맞은 견인력 즉, 전동기의 토크를 확보해야 한다.

■ 전동기의 토크제어 방식

(1) 정토크 제어

ㅡ 전동기의 전압을 높여 역기전력을 막아 일정한 전류를 확보하여 토크제어라고 한다.

(2) 정출력제어

ㅡ 전동기의 단자전압이 최대전압에 도달한 후에도 일정 전류로 가속되는 상태에서 역기전력으로 인해 토크는 저하되지만 일정한 입력전력이 되어 일정 출력 전력이 되는 현상을 정출력제어라고 한다.

[주전동기의 회전력]

■ 일반적으로 물체를 회전시킬 수 있는 힘을 회전력 또는 토크(Torque)라고 하며,

■ 주전동기의 회전력은 자속과 전기자 전류의 곱으로 나타내며 다음 식과 같다.

$$T = K\varPhi I$$

φ (T: 토크, k: 상수, $\varPhi$: 자속, I: 전기자 전류)

2) 계자 미포화시 회전력

계자에서 발생하는 자속은 계자에 흐르는 전류가 증가하면 자속도 증가하게 된다. 자속은 전류의 크기에 비례하므로, $\varPhi \propto I$ 이고 $\varPhi = K'I$으로 나타낼 수 있으므로 이때 토크는 전류제곱에 비례하게 된다.

$$T = K\varPhi I = K \cdot K' \cdot I = KI^2$$

3) 계자 포화시 회전력

- 계자에 흐르는 전류(I)가 증가하면 자속(Φ)도 증가한다. 하지만 일정 한도에 도달하면 전류가 계속 증가해도 자속은 더 이상 증가하지 않는 상태가 된다. 이때를 계자 포화상태라고 한다.

  Φ = 일정하므로 Φ = K′이므로 이때 토크는 전류에 비례하게 된다.

$$T = K\Phi I = K \cdot K' \cdot I = KI$$

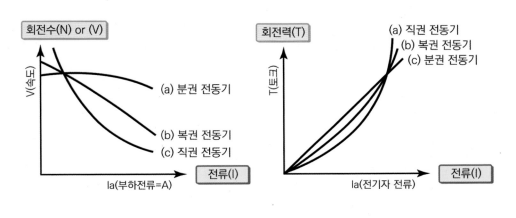

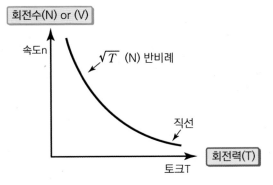

[전동기의 회전력(토크: T), 속도(N), 토크제어 간의 관계]

- 회전력(토크: T)와 속도(N)

  (1) 토크(회전력): 열차를 움직이게 하거나 가속시킨다.

  (2) 회전속도: 열차의 속도를 제어한다.

  − 여기서 회전속도가 빨라봐야 열차의 부하(무게)를 뛰어 넘는 토크가 없으면

열차가 속도를 높이며 가속할 수 없다.

－속도를 높이려면 회전속도도 중요하지만, 그 속도에 알맞은 견인력 즉, 전동기의 토크를 확보해야 한다.

■ 전동기의 토크제어 방식

(1) 정토크 제어

－전동기의 전압을 높여 역기전력을 막아 일정한 전류를 확보하여 토크제어라고 한다.

(2) 정출력제어

－전동기의 단자전압이 최대 전압에 도달한 후에도 일정 전류로 가속되는 상태에서 역기전력으로 인해 토크는 저하되지만 일정한 입력전력이 되어 일정 출력 전력이 되는 현상을 정출력제어라고 한다.

예제 다음 중 직류직권전동기에 대한 설명으로 틀린 것은?

㉮ 회전속도가 클 때 전압이 적어서 전력소비량이 적을 것
㉯ 급격한 전압 변동 시에 고장이 발생치 않을 것
㉰ 급격한 전류 변동 시에도 고장이 발생치 않을 것
㉱ 회전수가 낮을 때는 전류가 높고 회전수가 높을 때는 전압이 높을 것

해설 직류직권 전동기의 구비조건은 다음과 같다.
① 기동회전력이 클 것
② 회전속도가 낮을 때 회전력이 클 것
③ 속도 변화폭이 커서 속도제어가 용이할 것
④ 회전속도가 클 때 전류가 적어서 전력소비량이 작을 것
⑤ 병렬 운전할 때 부하 불균형이 적을 것
⑥ 운전 중 급격한 전류, 전압의 변동에도 고장이 발생하지 않을 것

$T = K\Phi I$	회전수(속도) $N \propto \dfrac{1}{I}$, $N \propto Et$
φ (T: 토크, k: 상수, Φ: 자속, I: 전기자 전류)	부하전류(I)와 속도(N)는 반비례하는 관계가 있다.

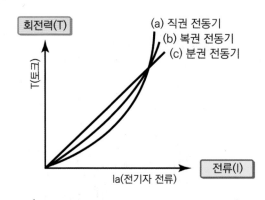

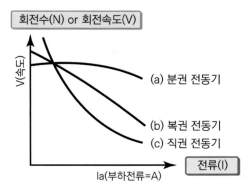

예제 다음 중 직류직권전동기의 회전력과 무관한 것은?

㉮ 단자전압에 비례 ㉯ 역기전력에 비례

㉰ 전류값에 비례 ㉴ 회전수에 반비례

해설 회전력은 계자 미포화 시 전류자승에 비례한다.
직류직권전동기 회전수는 단자전압에 비례하고 회전수에 반비례한다. 전동기의 자속이 포화점에 달할 때까지 자속수는 공급전류에 비례하므로 전류에 반비례한다.

예제 다음 중 철도차량용 직류직권전동기의 특성에 관한 설명으로 틀린 것은?

㉮ 회전력은 전류에 비례한다. ㉯ 회전력은 자속에 비례한다.

㉰ 회전수는 단자전압에 비례한다. **㉴ 회전력는 단자전압에 비례한다.**

해설 회전력은 전류에 비례한다. 자속과 회전력은 비례한다($T= K\varPhi I$). 회전력는 단자전압에 반비례한다.

예제 다음 중 직류직권전동기의 회전력에 대한 설명으로 맞는 것은?

㉮ 단자전압에 비례하고 자속수에 반비례한다.

㉯ 단자전압에 비례하고 전류에 반비례한다.

㉰ 계자전류 제어법(약계자제어)으로 제어한다.

㉴ 자속수와 전류의 세기에 비례한다.

해설 직류직권전동기의 회전력은 다음과 같다.(T = KΦI)
　　① 미포화 시 자속은 전류의 크기에 비례하여 발생: T = KΦI = = KI^2
　　　따라서 전류제곱에 비례하며
　　② 계자 포화 시: T = KΦI = KI로 이 경우에 전류에 비례한다.

예제 주전동기의 회전력 중에서 계자 미포화 시 회전력공식은?

　㉮ KV^2　　　　　　　　　　　　　㉯ KV

　㉰ KI^2　　　　　　　　　　　　　㉱ KI

해설 회전력 중에서 계자 미포화 시 회전력 공식은 KI^2이다.

예제 다음 중 주전동기 회전력에 관한 설명으로 틀린 것은?

　㉮ 계자 포화 시 전류에 비례한다.

　㉯ 계자 미포화 시 전류의 자승에 비례한다.

　㉰ 계자 미포화 시 자속에 비례한다.

　㉱ 계자 미포화 시 전압에 비례한다.

해설 회전력은 계자 미포화 시 전류자승에 비례한다.

예제 다음 중 주전동기 회전수에 대한 설명으로 틀린 것은?

　㉮ 전동기는 회전하면 플레밍의 오른손 법칙에 의해 역기전력이 발생한다.

　㉯ 역기전력은 공급전류에 대하여 일종의 저항으로 작용하게 된다.

　㉰ 단자전압에 비례하고 자속에 반비례한다.

　㉱ 전동기에 공급된 전압은 역기전력으로 소비된다.

해설 전동기에 전압을 가하면 플레밍의 오른손 법칙에 의해 기전력이 발생된다. 이 기전력은 공급전류의 반대방향으로 발생되는 역기전력이다.

예제 다음 중 직류직권전동기 회전 시 역기전력 발생에 대한 적용법칙으로 가장 맞는 것은?

㉮ 플레밍의 오른손법칙   ㉯ 플레밍의 왼손법칙
㉰ 옴의 법칙   ㉱ 키르히호프법칙

해설 전동기에 전압을 가압하면 전기자코일은 자계 내를 회전하면서 자속을 절단하여 플레밍의 오른손법칙에 의한 기전력을 발생하게 되며 이 기전력은 공급전류의 방향과 반대방향으로 발생되므로 이를 역기전력 이라 한다.

4) 주전동기의 회전수

－주전동기에 전압을 가하면 전기자코일은 자속을 끊으며 자계 내를 회전한다.
－이때 전기자 코일에는 플레밍의 오른손법칙에 의하여 기전력이 발생하는데 이 기전 력은 공급전류의 방향과 반대방향으로 발생하므로 이를 역기전력 또는 유도기전력 이라 한다.
－이 유도기전력은 공급전류에대하여 일종의 저항으로 작용하므로, 이를 극복할 수 있 는 전압을 외부에서 공급하지 않으면 전류는 흐르지 않게 된다.
－주전동기의 회전수는 이 유도기전력에 영향을 받는다.

[역기전력]

• 전압원이라 할 수 있는 기전력에 의해 전류회로에 에너지를 보급하여 전류가 흐를 때, 전류의 흐름 과 반대 방향으로 생기는 기전력을 말한다.
• 회로나 기기에서 전류의 흐름을 방해하는 방향의 전압, 직류 전동기의 전동자에 전류를 흐르게 하 여 운전할 경우에, 전동자와 계자의 상대 운동에 의한 전자기 유도에 의하여 코일 속에 반대 방향으 로 유기되는 기전력이다.

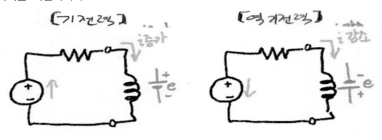

[회전수와 자속]

자속: 어떤 표면을 통과하는 자기력선의 수에 비례하는 양

$$N(rpm) = Et / \varPhi$$

[회전수와 자속수]

- 주전동기의 회전수는 단자 전압 Et에 비례하고 자속수 $\varPhi$에 반비례한다는 것을 알 수 있다.

[자속수와 전류, 회전수와 전류]

- 전동기의 자속이 포화점에 달할 때까지 자속수는 공급전류에 비례하므로
- 주전동기 회전수는 단자전압에 비례하고 전류에 반비례한다.

부하전류(I)와 속도(N)는 반비례하는 관계가 있다.

$$\text{회전수(속도) } N \propto \frac{1}{I}, \quad N \propto Et$$

[자속]

어떤 표면을 통과하는 자기력선의 수에 비례하는 양
N(rpm)(회전수) = Et(전압)/$\varPhi$(자속)

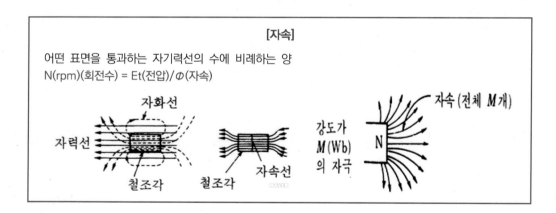

---

5) 직류직권전동기의 회전수 제어법

(1) 단자전압제어 방법

- 전동기의 결선방법을 직렬, 직병렬, 병렬 등으로 변경하면 견인전동기의 단자전압을 변화시킬 수 있다. 이것을 단자전압제어(직병렬제어)라 한다.
- 이때 단자전압의 변화가 크게 되면 회전속도의 변화도 크게 되어 열차에 충격이 발

생하므로 단자전압 제어와 저항제어 방법을 병행하여 순차적으로 전압을 제어하는
방법을 쓰고 있다.

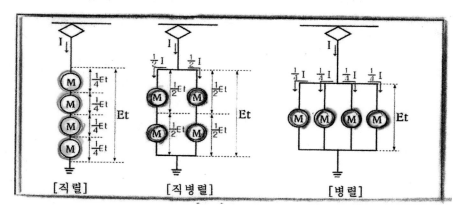

(2) 저항제어 방법

 - 단자전압 제어를 보완하는 방법으로 적용되는 저항제어 방법은
 - 직렬로 저항을 연결하고 순차적으로 저항 값을 줄이면, 전동기에 걸리는 단자전압
   값이 서서히 증가한다.
 - 즉, 전압만 제어하게 되면 돌입전류에 의해 열차에 충격이 발생하므로 이 충격을 줄
   이기 위하여 저항제어법과 병행하여 전압이 서서히 증가하도록 속도를 제어한다.

(3) 계자전류제어 방법

 - 견인전동기의 회전수는 자극에서 발생되는 자속 수에 반비례한다.
 - 자속을 감소시키면 회전수는 커져서 전류의 크기를 어느 정도 유지하면서 속도의
   향상을 기대하는 경우 사용된다.

[계자제어(field control)]

주전동기의 계자 전류를 변화시켜서 하는 주전동기의 전류, 전압, 회전수 및 토크의 제어.
즉 자속의 변화를 주어 제어하는 방법

예제 직류직권 전동기의 3,000v에 전압을 가진 회전수가 1,500rpm이다. 전압이 1,500v가 된다면 회전수는?

㉮ 750rpm

㉯ 3,000rpm

㉰ 1,500rpm

㉱ 1,000rpm

해설 회전수 N= Et/Ø [Et: 단자전압, Ø:자속] 즉, 회전수는 전압에 비례한다.

예제 직류전동기 회전수 제어법이 아닌 것은?

㉮ 저항 제어

㉯ 계자 전류 제어

㉰ 단자전압 제어

㉱ **주파수 제어**

해설 직류직권전동기의 회전수 제어법은 다음과 같다.
① 단자전압제어(직·병렬 제어) 전압제어만 사용 시 단자 전압의 변동폭이 크게 되면 회전속도의 변동폭도 크게 되어 열차충격이 발생하기 때문에 전압제어와 저항제어를 병용하여 순차적으로 전압을 제어한다.
② 저항제어단자전압제어를 보완하는 방법으로 전동기 회로에 연결된 여러 개의 저항기를 단계적으로 차감하여 견인전동기에 공급되는 전압을 제어한다.
③ 계자전류제어(약계자제어, 분로계자법)자속을 감소시켜 계자전류를 감소시키는 방법으로 전류의 크기 유지를 통한 속도향상을 기대하는 경우에 사용한다.

예제 직류직권전동기의 회전수 제어방법으로 맞는 것은?

㉮ 슬립제어

㉯ 극수변경제어

㉰ 주파수제어

㉱ **직병렬 제어**

해설 직류직권전동기의 회전수 제어방법 중에는 직병렬제어(단자전압제어) 방식이 있다.

예제 다음 중 자속을 감소시키고 계자제어를 사용하는 제어방법은?

㉮ 단자전압제어

㉯ 저항제어

㉰ **계자전류제어**

㉱ 직병렬제어실제

해설 자속을 감소시키고 계자전류를 감소시키는 방법이 계자전류제어방법이다.

예제 직류전동기 회전수 제어법에서 자속의 변화를 주어 제어하는 방법이 무엇인가?(기출문제)

㉮ 계자전류제어   ㉯ 단자전압제어

㉰ 저항제어   ㉱ 주파수제어

예제 다음 중 전동기의 결선방법을 직렬, 직병렬, 병렬로 변경하여 회전수 제어하는 방법은?

㉮ 단자전압제어   ㉯ 저항제어

㉰ 계자전류제어   ㉱ 주파수제어

해설 전동기의 결선방법을 직렬, 직병렬, 병렬 등으로 변경하면 견인전동기의 단자전압을 변화시킬 수 있는 방법을 단자전압제어법이라 한다.

예제 직·병렬제어시 열차충격 발생을 최소화하기 위하여 사용하는 제어방법은?

㉮ 단자전압제어   ㉯ 저항제어

㉰ 약계자제어   ㉱ 자속제어

해설 직·병렬제어시 열차충격 발생을 최소화시키기 위해 저항제어법과 병용하여 전압이 서서히 증가하도록 속도를 제어한다.

예제 다음 중 전류의 크기를 어느 정도 유지 하면서 회전수를 제어하는 방법은?

㉮ 단자전압제어   ㉯ 저항제어

㉰ 직병렬제어   ㉱ 계자전류제어

해설 견인전동기의 회전수는 자극에서 발생되는 자속수에 반비례하므로 자속을 감소시키면 회전수는 커져서 전류의 크기를 유지하면서 속도향상을 기대하는 제어방법이 계자전류제어 방법이다.

예제 다음의 설명 중 옳지 않은 것은?

㉮ 직류직권전동기의 회전수 제어방법으로 단자전압을 이용할 수 있다.

㉯ 저항제어 방법은 단자전압제어를 보완하는 방법이다.

ⓒ 단자전압제어는 직렬, 직병렬, 병렬 등으로 변경하면 견인전동기의 단자전압을 변화시킬 수 있다.
ⓓ 계자전류제어는 자극에서 발생되는 자속 수에 비례한다.

해설 견인전동기의 회전수는 자극에서 발생되는 자속 수에 반비례한다.

제3절 유도전동기

1. 유도전동기 회전원리

1) 회전자계(고정자)

- 고정자에 회전자를 집어넣고, 3상 교류를 넣게 되면 고정자는 고정되어 있지만 권선에 자기장이 생겨나 회전자계를 이룬다.
- Arago 원판을 계속 회전시키려면 자석을 계속 회전시켜야 한다. 그러나 지속적인 회전은 불가능하다.
- 따라서 자석을 계속 회전시키는 것과 같은 작용이 일어나도록 고정자(Stator)에 권선을 감고 → 여기에 3상 교류전원을 공급하면

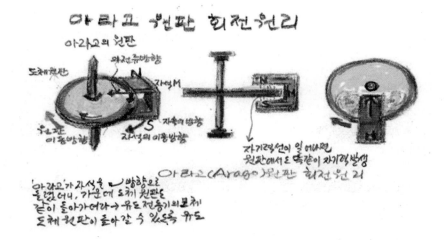

- 고정자 권선에 회전자계(Rotating Field)가 발생하여 자석을 회전시키는 것과 같은 현상이 발생한다.
- 결국 이 회전자계를 따라 회전자가 회전함으로써 전동기는 회전하게 되는 원리
- 즉, 3상 유도전동기에 3상 교류전원을 공급하면
- Arago의 원판에서 영구자석을 회전시키는 것과 같이
- 고정자에서 회전하는 자계가 발생되어 회전자가 회전하게 된다.

[동기속도(회전자계(고정자)속도)와 회전자 속도]

> Ns = 동기속도(고정자: 회전자계)
> N = 회전자 속도(고정자 내부)

- 2극 전동기 = 1회전 / 교류 1Cycle
- (2극 = 1Cycle마다 1회전)
- f(frequency) = 전원주파수(주기)

동기속도 $Ns = \dfrac{120f}{P}$ (rpm)   회전자 속도 $N = Ns(1 - S)$

슬립 $S = Ns - N/Ns \times 100\%$ 회전수와 토크(회전력): 반비례

[유도전동기의 특성]
① 교류전원을 사용할 수 있으므로 전원공급이 쉽다.
② 구조가 간단하고 튼튼하다.
③ 가격이 싸고 유지보수비가 적다.
④ 부하증감에 대한 속도변화가 적다
⑤ 취급이 간단하고 운전이 쉽다.

> ※ 교류 전동기의 기본 원리는 쉽게 말해 어떠한 보이지 않는 자석이 전동기의 몸체의 외부를 회전하며 그 안에 있는 도체가 그것을 따라 도는 것이다.
>   - 이 보이지 않는 자석이 회전자계이다. 이것은 각각 크기가 같고 그 파형이 시간상으로 1/60초를 360도라고 보았을 때 120도만큼의 시간차를 가진 3개의 전선에서 나온 교류에 의해 이루어진다.
>   - 여기서 회전자계가 발생하는 부분을 고정자라고 하며 그것을 따라 도는 부분을 회전자라고 한다.

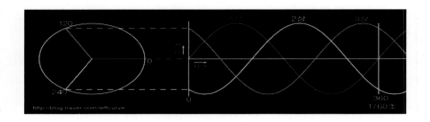

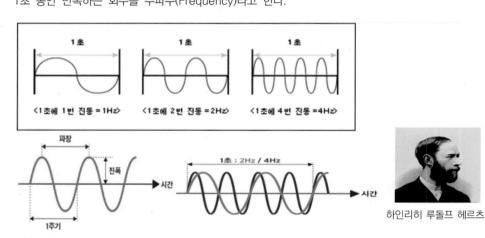

[헤르츠(Hz), 주기, 주파수]

주파수(Frequency): 전파 등의 파장이 반사, 굴절하려 물결모양같이 방향을 바꾸는 주기적 현상이 1초 동안 반복하는 회수를 주파수(Frequency)라고 한다.

하인리히 루돌프 헤르츠

예제 다음 중 동기속도(Ns)에 대한 내용으로 틀린 것은?

가. 2극 전동기인 경우 동기속도(Ns)=120 · f/p(r.p.m)

나. 4극 전동기는 2극 전동기에 비해 회전수가 1/2이다.

다. 회전자속도를 동기속도라 말한다.

라. 회전자계의 방향은 3상 교류의 상회전방향과 같다.

해설 동기속도(Synchronous Speed)란 회전자계의 속도이다.

[동력운전과 회생제동 시 슬립(Slip)]

(1) 동력운전(역행)

+ Slip상태(회전자속도보다 회전자계 속도가 빠를 때)

− Slip상태(회전자속도보다 회전자계 속도가 느릴 때)

+Slip = Ns>N

− 동력운전 시 고정자에 들어가는 입력전압이 크기 때문에 동기속도가 회전자 속
도보다 커지게 된다.

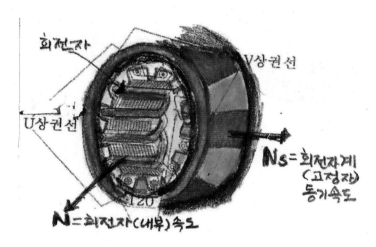

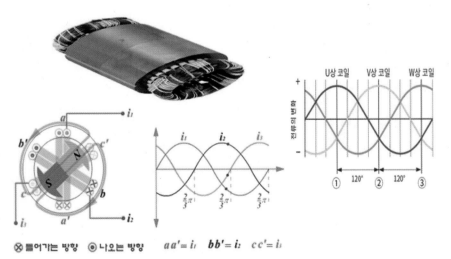

[회전력(Torque발생원리)]

- 이러한 회전자계 안에다 원통형 철심에다 적당한 권선으로 만든 회전자를 넣으면
권선에는 전류가 흐르게 되고
- 이 전류와 회전자계 사이에서 전자력이 작용하여 토크가 발생하고
- 회전자는 자계의 회전방향으로 회전한다.
- 이것이 유도전동기의 원리이다.

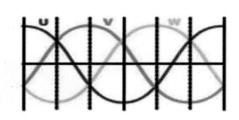

- 1상에 Coil 덩어리가 몇 개 인가가 극수이다.
- 2개 Coil 경우→ 3상이라면 1상에 4개이므로 4극이다. 4극의 경우 고정자를 4번을
지나가므로(들락날락해야) 2극의 두 번에 비해 회전수가 작아진다.

◗ 토크특성

$$T = K1(V/f)^2 \cdot fs$$

(V: 전압, fs: 슬립주파수, K1: 상수)
※ 유도전동기의 회전수, 회전력 조절: 전원주파수, 공급전압, 슬립주파수

예제 다음 중 주파수제어를 위해 증가 시킬 수 있는 전동기 공급전압이 한계점에 도달하면 이후
부터 주파수 증가로 인한 회전력의 감소를 보상하는 제어는?

가. 직병렬 제어   나. 주파수 제어
다. 전압제어   라. 슬립제어

해설 전동기 공급전압이 한계점에 도달하면 이후부터 주파수 증가로 인한 회전력 감소 보상하는 것은 "슬립
제어"이다.

다음 중 유도전동기 제어방식에 관한 설명으로 틀린 것은?

가. 유도전동기의 회전속도 제어는 주파수를 사용, 열차 출발시키는 것은 컨버터를 통하여 유도전동기에 공급되는 주파수를 "0에서부터" 서서히 높여주는 것이다.

나. 회전속도 상승을 위해 공급주파수를 증가시키면 유도전동기의 토크특성 "T=K1(V/f)^2 · fs에 의해 속도는 증가시키지만 회전력은 크게 저하된다.

다. 회전속도를 증가시키려면 동기속도를 증가시켜야 하고, 동기속도를 증가시키려면 공급주파수를 증가시켜야 한다.

라. 회전속도를 높이면서 동시에 열차속도를 상승하게 만드는 힘을 유지하기 위해서는 공급주파수와 함께 공급전압도 증가시켜야 한다.

– 유도전동기의 회전속도제어 → 주파수
  – 열차를 출발시키는 것 → 인버터를 통하여 유도전동기에 공급되는 주파수를 "0"부터 서서히 높여주는 것

다음 보기 중 틀린 것은?

가. 유도전동기의 회전력은 고정자 자속과 회전자에 유기된 전류에 비례

나. 역행시 +slip상태, 제동시 –slip 상태이다.

다. 슬립은 회전계의 속도와 회전자속도의 차이다.

라. 공급주파수를 증가시키면 회전수와 회전력은 증가한다.

공급주파수를 "증가시키면 회전수는 증가 회전력(토크)는 감소"

다음 보기 중 틀린 것은?

가. 유도전동기에 공급하는 3상 교류전원의 전압을 변화시키고 주파수를 변환시켜 속도를 제어하는 방식을 VVVF제어라고 한다.

나. 주변화장치에서 주전동기까지 DC1,500V의 고압전원이 공급되는 부분을 주전동 기회로라고 한다.

다. 전기동차의 속도를 조절하는 기능을 제어라 한다.

라. 전기동차의 운전을 위해서는 전원을 공급, 차단하는 장치가 필요한데 이를 위해 주회로에 접촉기를 설치한다.

– 주회로 전원을 공급, 차단하는 장치로 전자공기식 회로차단기(LB)를 설치한다.
　　　 – 운전실 제어대의 출력제어기 또는 제동핸들의 취급에 따라 투입, 차단 동작한다.

예제 다음 중 유도전동기 특성 중 슬립(Slip)에 관한 설명으로 틀린 것은?

가. N = Ns(1 - S) [N = 회전자속도(r.p.m), S: Slip(%), N$_s$ = 동기속도(r.p.m)

나. S = N$_s$ - [S: Silp(%), N$_s$: 동기속도(r.p.m), N: 회전자속도(r.p.m)]

다. 유도전동기에서 회전자의속도(N)와 회전자계 속도(N)가 차이나는 것은 슬립이다.

라. 유도전동기가 전동기 역할을 할 때는 회전자를 동기속도보다 조금 빠른 상대로 회전시킨다.

해설 유도전동기가 전동기 역할을 할 때는 회전자를 동기속도보다 조금 늦은 속도로 회전시킨다.

예제 다음 중 유도전동기에 관한 설명으로 틀린 것은?

가. 정격속도 부근에서 일정한 속도로 회전하려는 특성을 가지고 있다.

나. 동기속도와 회전자 속도가 같을 경우 회전자 속도는 최대가 된다.

다. 회전자계의 방향은 3상 교류의 상 회전방향과 동일하다.

라. 회전수는 고정자에서 발생된 자속과 회전자에 유기된 전류에 비례한다.

해설 – 회전수는 전원주파수(f)의 크기와 슬립주파수(fs)의 크기에 따라 변동된다.
　　　 – 전원주파수가 커지면 회전수가 증가, 작아지면 회전수가 감소된다.
　　　 – 유도전동기의 "회전력"이 고정자에서 발생된 자속과 회전자에 유기된 전류에 비례한다.

예제 다음 중 주파수가 60Hz이고 4극인 3상유도전동기의 회전수의 동기속도는?

가. 1200r.p.m　　　　　　　　　　　나. 2300r.p.m

다. 1800r.p.m　　　　　　　　　　라. 2400r.p.m

해설 동기속도: Ns=120f/p(rpm)

예제 다음 중 60Hz, 4극을 사용하는 전동기의 동기속도와 회전자 속도로 맞는 것은?
(Slip은 5%이다.)

가. Ns: 1,800(r.p.m), N: 1,710(r.p.m)

나. Ns: 2,000(r.p.m), N: 1,720(r.p.m)

다. Ns: 2,000(r.p.m), N: 1,500(r.p.m)

라. Ns: 1,800(r.p.m), N: 1,700(r.p.m)

해설 – 동기속도: Ns=120f/p(rpm), 회전자속도: N = Ns(1-S)
– Ns = (120×60/4), N = 1,800×(1-0.05) = 1,710(rpm)

예제 동기속도가 1,800rpm, 회전자 속도가 1,710rpm일 때 슬립은?

해설 슬립 S = [(Ns-N)/Ns]×100%이므로
S = (1800-1700)/1800×100% = 5%

예제 다음 중 유도전동기에 대한 설명으로 틀린 것은?

가. 유도전동기가 전동기 역할을 할 때 회전자 속도가 동기속도보다 조금 늦다.

나. 유도전동기가 발전기 역할을 할 때 회전자 속도가 동기속도보다 조금 빠르다.

다. 회전방향은 U→V→W 순서이며, 두 개의 상만 바꿔주면 역회전이 된다.

라. 슬립제어를 통해 슬립주파수를 증가시키면 유도전동기의 출력을 일정하게 유지 시 회전수를 일정하게 할 수 있다.

해설 슬립주파수를 증가시키면 유도전동기의 출력을 일정하게 유지시켜 더욱더 회전속도를 상승시킬 수 있다.

예제 다음 중 유도전동기 속도제어 방법에 해당하지 않는 것은?

㉮ 슬립제어   ㉯ 주파수제어

㉰ 극수변경제어   ㉱ 직병렬제어

해설 직병렬제어는 직류직권전동기의 속도제어 방법에 해당된다.

`예제` **다음 중 유도 전동기의 특성에 관한 설명으로 틀린 것은?**

㉮ 가격이 싸고 유지보수비가 적다.　　㉯ 부하증감에 대한 속도변화가 적다.

㉰ **취급이 간단하고 운전이 어렵다.**　㉱ 구조가 간단하고 튼튼하다.

`해설` 유도전동기의 특성은 다음과 같다.
　　① 교류전원을 사용할 수 있으므로 전원공급이 쉽다.
　　② 구조가 간단하고 튼튼하다.
　　③ 가격이 싸고 유지보수비가 적게 든다.
　　④ 부하증감에 대한 속도변화가 작다.
　　⑤ 취급이 간단하고 운전이 쉽다.

`예제` **주전동기 회전수 관계 중 틀린 것은?**

㉮ 직류전동기는 단자전압에 비례　　㉯ 직류전동기는 자속수에 반비례

㉰ **교류전동기는 극수에 비례**　　㉱ 교류전동기는 주파수에도 비례

`해설` 교류전동기는 극수에 반비례
　　교류전동기 회전수는 전원주파수에 비례한다.

`예제` **다음 유도전동기에 대한 설명 중 틀린 것은?**

㉮ **슬립은 전원주파수에 비례한다.**

㉯ 회전력은 회전수에 반비례한다.

㉰ 회전력은 치차비에 비례한다.

㉱ 회전수는 속도에 비례한다.

`해설` 회전수는 전원주파수(f)비례하고, 자극수(P)에 반비례한다.

[주관식 예제풀이]

[예제] **유도전동기 특성에 대하여 아래 질문에 답해보자.**

1) 동기속도, 회전자 속도, 슬립(Slip)

 (1) 동기속도는 어디서 나오는 속도이고 왜 구하는가?

   −동기속도는 고정자(회전자계)에서 나오는 속도이다.

   −고정자에 회전자를 집어넣고, 3상 교류를 넣게 되면 고정자는 고정되어 있지만 권선에 자기장이 발생하여 회전자계를 이룬다.

   −동기속도는 공급전원 주파수에 비례하고, 극수에 반비례한다.

 (2) Ns와 N을 구하는 공식은 무엇인가?

   $Ns = 120fm/p = 120(f - fs)(rpm)$

   $N = (1-S) \times Ns(rpm)$

   여기서, Ns: 동기속도,   N = 회전자속도

 (3) 슬립은 어떻게 발생되며, 왜 슬립이 중요한가?

   −유도 전동기에서 회전자의 속도(N)와 회전자계의속도(Ns)간에 차이 나는 현상을 슬립이라고 한다.

   −슬립은 유도전동기에 회전자속도와 회전자계에 의해 슬립이 발생한다.

   −회전력이 발생되기 위해서는 슬립이 발생되어야 한다.

2) 회전력

 (1) 회전력 구하는 공식 2개는?

   $T = K1 * (V / f)^2 * fs$

   $T = K1 \cdot \Phi \cdot fs$

   [회전력과의 관계]

   [f ↑   Ns ↑], [f ↑   T ↓], [V↑   fs ↑   → T]

 (2) 회전력과 전압과의 관계는?

   −회전력은 전압과 비례한다.

 (3) 회전력과 주파수와의 관계는?

   −공급(전원)주파수와 회전력은 반비례한다.

(4) 회전력과 슬립주파수와의 관계는?

    －슬립주파수는 회전력과 비례한다.

    －슬립주파수를 증가시키면 회전력은 증가한다.

(5) 회전력과 전류와의 관계는?

    －전류와 회전력은 비례한다.

    －전류가 증가하면 회전력은 증가한다.

(6) 회전력과 자속과의 관계는?

    －회전력은 자속과 비례한다.

◐ 토크특성 $T = K_4(Vm/F)^2 \cdot fs$

    K_4: 기계정수, Vm: 전원의 전압, F: 전원의 주파수, Fs: 슬립주파수)

2. 유도전동기 회전력

$$T = K1 \cdot \phi \cdot Ir$$

(T: 회전력, ϕ: 자속,   Ir: 회전자류)

－회전력은 자속과 회전자전류에 비례한다.

◐ 토크특성

$$T = K1(V/f)^2 \cdot fs$$

(V: 전압,   fs: 슬립주파수,   K1: 상수,   Ir: 회전자전류)

※ 유도전동기의 회전수, 회전력 조절: 전원주파수, 공급전압, 슬립주파수

－회전력은 전원주파수 f에 반비례하고 전압 V 및 슬립주파수 fs에 비례한다.

－이러한 원리에 따라 가변전압 가변주파수를 출력시키는 VVVF Inverter 장치가 필요하다.

Ns(회전수) = 120f/p
(f=주파수, p=극수)

T(회전력) = K1ΦIr
(k1:전동기 상수, Φ=자속. Ir:회전자 전류)

T(회전력)(T) = K1(V/f)^2·fs

- 회전수
  - 유도전동기 회전수는 전원주파수 f에 비례,
  - 자극수의 반비례

- 회전력
  - 회전력은 전원주파수 f에 반비례
  - 1차 전압 V 및 슬립주파수 fs에 비례
  - 따라서 가변전압가변주파수를 출력시키는 VVVF Inverter장치가 필요

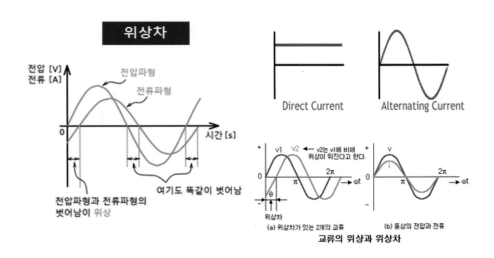

위상차

전압 [V]
전류 [A]

전압파형

전류파형

0   시간 [s]

여기도 똑같이 벗어남

전압파형과 전류파형의
벗어남이 위상

Direct Current   Alternating Current

+ v1 v2 ← v2는 v1에 비해
              위상이 뒤진다고 한다. +   v

0   π   2π → ωt   0   π   2π → ωt

θ

위상차

(a) 위상차가 있는 2개의 교류   (b) 동상의 전압과 전류

교류의 위상과 위상차

1. 토크특성

● 토크특성

$$T = K_4(Vm/F)^2 \cdot fs$$

(K_4: 기계정수, Vm: 전원의 전압, F: 전원의 주파수, Fs: 슬립주파수)

2. 견인전동기 속도 및 토크 조절방법

- 토크의 값을 변화시킬 수 있는 요소는 전원주파수, 전원의 전압과 슬립주파수 3가지
- 이 3가지 요소들을 어떻게 조절하느냐에 따라 정토크제어, 정출력제어, 특성영역제어라는 3가지 영역을 이해하면서 제어할 수 있게 된다.

3. 동력운전 시 토크제어

1) 정토크 제어(저속영역)

- 전원의 주파수와 전원의 전압의 비(Vm/F)를 일정하게 유지한 상태로 주파수를 증가시켜
- 자승의 항을 일종의 상수로 만들어주고 슬립주파수를 일정하게 유지시키면서 속도를 제어하는 영역이다.

● 토크특성

$$T = K_4(Vm/F)^2 \cdot fs$$

(K_4: 기계정수, Vm: 전원의 전압, F: 전원의 주파수, Fs: 슬립주파수)

[동력운전시 토크제어]

1. 정토크제어(저속영역)
   • 슬립주파수를 일정하게 유지한 상태에서 전원 주파수와 전원 전압의 비(Vm/f)를 일정하게 유지하며 주파수를 증가시켜(제곱의 항이 상수로 됨) 속도를 제어하는 영역이다.
   $$T = K_4(Vm/F)^2 \cdot fs$$

2. 정출력 제어(중속영역)
   • 정토크 영역(중속영역)은 전원의 전압을 일정하게 유지한 상태에서, 전원주파수와 슬립주파수의 비(Fs/f)를 일정하게 유지시키면서 전원주파수를 낮추면 토크는 일정하게 유지가 되고, 그에 따라 속도가 점점 줄어들게 된다.
   • 정토크 제어 시 증가시킨 전압(Vm)이 최고점에 이르러 더 이상 상승시킬 수 없는 시점부터 이루어지는 제어영역이다. 전원전압이 최고점에서 일정한 값을 갖고, 회전자전류(Ir)와 슬립 값도 일정하게 유지되므로 정출력 영역이라고 한다.

3. 특성영역(고속영역)
   • 전동기의 회전수를 계속 증가시켜 고속으로 운전하기 위한 영역으로 전압(Vm)과 주파수(f)가 최대가 되어 일정 값으로 유지될 때 전원주파수(f)를 계속 증가시키면 전동기의 회전수는 계속 증가하고 회전자 전류와 회전력은 감소하게 된다.

역행 시 정토크, 정출력, 특성영역별 T, Vm, F, Im, Fs의 변화

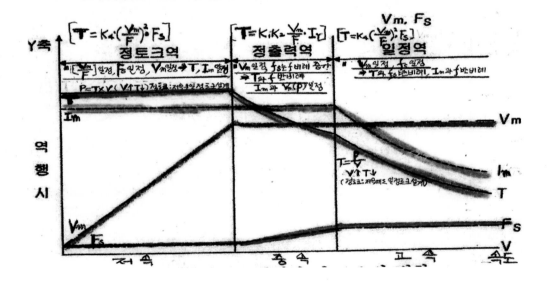

정토크특성과 정출력특성의 부하특성과 예

분류	부하의 특성	예

정토크
특성
	• 토크: 일정
	• 출력: 속도에 비례
	※ 속도에 관계없이 거의 일정한
	  토크를 필요로 하는 특성을 가
	  진 부하
		• 컨베니어
		• 인쇄기
		• 왕복동펌프
		• 일정압력
		  압축기
		• 승강기계

정출력
특성
	• 토크: 속도에 반비례
	• 출력: 일정
	※ 큰 토크가 요구될 때는 회전속도
	  를 떨어 뜨려 운전. 반대로 회전
	  속도가 빠를 때는 토크가 작아도
	  되는 특성을 가진 부하(스피드
	  가 빠를 수록 토크 감소)
		• 선반
		• 권선기
		• Rotary
		  Cutting
		  Machine

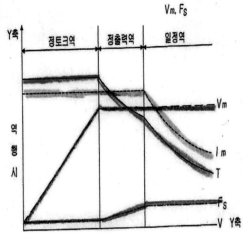

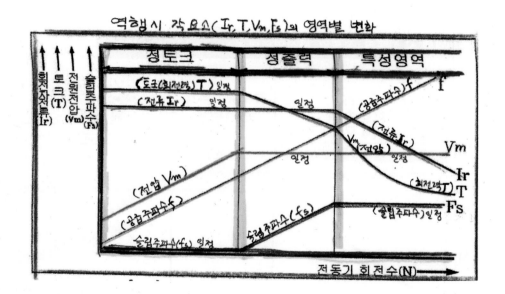

2) 정출력 제어

- 정출력 제어영역은 정토크 전원 영역에서 전원 전압이 최고점에 이르러 더 이상 상승시킬 수 없는 시점부터 이루어지는 제어 영역이다.
- 정출력 제어 영역에서는 슬립주파수를 상승시켜 전기자 전류를 일정하게 유지시켜 가속을 얻는 영역이다. 이때 전원 전압은 최고점에 이르러 변동이 없다.

$$T = K1 \cdot \Phi \cdot Ir$$

(T:회전력,　Φ:자속,　Ir:회전자류)

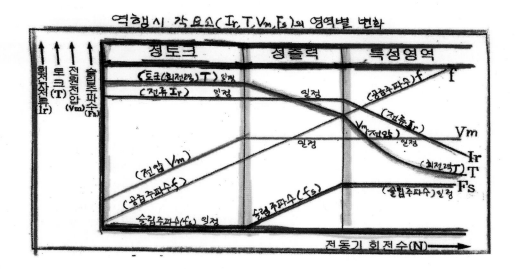

3) 특성영역(고속영역)

- 특성영역은 전동기의 고속운전을 위한 영역이다.
- 전원의 전압(Vm)과 슬립주파수(Fs)를 일정하게 유지시킨 상태에서 전원(공급)주파수를 상승시키면
- 토크(회전력)는 전원(공급)주파수 F의 자승에 반비례하면서 감소하지만 속도는 더 증가한다.

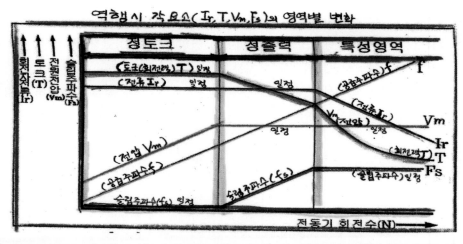

영역	현재상태	제어대상	결과
정토크 (저속)	F_s 일정유지	$\dfrac{Vm}{f}$ 비를 일정유지 하여 Vm과 f를 증가	T와 Ir이 일정 f에 비례하여 N 증가
정출력 (중속)	V_m 최고점에서 일정유지	$\dfrac{Fs}{f}$ 비를 일정유지 하여 F_s와 f를 증가	Ir이 일정 f에 반비례하여 T 감소 f에 비례하여 N 증가
특성영역 (고속)	V_m과 F_s 최고점 일정유지	f 계속 증가	f에 반비례하여 Ir 감소 f^2에 반비례하여 T 감소 f에 비례하여 N 증가

예제 3상 유도전동기의 토크값을 변화시킬 수 있는 요소가 아닌 것은?

㉮ 전원 주파수　　　　　　　　　　㉯ 전원 전압
㉰ 슬립 주파수　　　　　　　　　　**㉬ 전기자 전류**

해설 ◗ 토크특성 $T = K_4(Vm/F)^2 \cdot fs$
(K₄: 기계정수, Vm: 전원의 전압, F: 전원의 주파수, Fs: 슬립주파수)

예제 다음 중 유도전동기 토크조절 방법에 해당하지 않는 것은?

㉮ 정토크 제어　　　　　　　　　　㉯ 정출력 제어
㉰ 특성영역 제어　　　　　　　　　**㉬ 기동토크 제어**

해설 동력운전 시 유도전동기 토크제어 방법은 다음과 같다.
   ① 정토크 제어(저속영역)
   ② 정출력 제어(중속영역)
   ③ 특성영역(고속영역)제어

예제 **다음 중 정토크 제어와 같은 의미를 가진 것은 무엇인가? (기출문제)**

㉮ **저속영역**　　　　　　　　　　　　㉯ 중속영역

㉰ 고속영역　　　　　　　　　　　　　㉲ 특성영역

해설 정토크 제어와 같은 의미를 가지는 영역은 저속영역이다.

예제 **다음 중 슬립주파수와 전압/전원주파수의 비를 일정하게 유지하면서 속도를 제어하는 영역은?**

㉮ **정토크 제어**　　　　　　　　　　　㉯ 정출력 제어

㉰ 특성영역 제어　　　　　　　　　　　㉲ 기동토크 제어

해설 슬립주파수와 전압/전원주파수의 비를 일정하게 유지하면서 속도를 제어하는 영역은 정토크 제어(저속영역)이다.
   ◗ 토크특성 $T = K_4(Vm/F)^2 \cdot fs$
   (K_4: 기계정수, Vm: 전원의 전압, F: 전원의 주파수, Fs: 슬립주파수)

예제 다음의 유도전동기 속도 및 토크조절 방법에 대한 설명으로 틀린 것은?

㉮ 저속영역에서는 토크 변화가 없다.

㉯ 저속영역에서는 전류의 변화가 없다.

㉰ 중속영역에서는 전압의 변화가 없다

㉱ 고속영역에서는 토크의 변화가 없다.

해설 고속영역에는 토크의 변화가 있다.

예제 유도전동기 저속영역에서 변화가 있어 속도를 제어하게 되는 것은?

㉮ 토크   ㉯ 전류

㉰ 전압   ㉱ 슬립주파수

예제 다음의 유도전동기 고속영역에 대한 설명으로 틀린 것은?

㉮ 전압의 변화가 없다.   ㉯ 슬립주파수 변화가 없다.

㉰ 전류의 변화가 없다.   ㉱ 토크의 변화가 있다.

해설 유도전동기 고속영역에서는 전류의 변화가 있다.

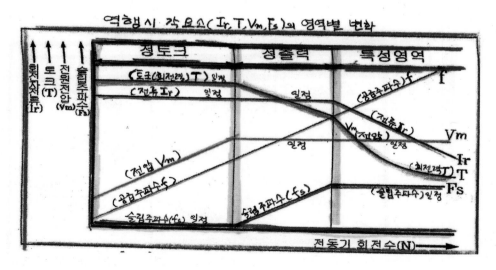

예제 다음 중 3상 유도전동기 회전속도를 증가시키기 위해, 공급전압을 일정하게 유지하며 슬립 주파수(Fs)를 전원주파수(F)와 같은 비율로 상승시켜 전류를 일정하게 유지하는 제어법은?

㉮ 정토크 제어   ㉯ 정출력 제어

㉰ 특성영역 제어   ㉱ 약계자 제어

해설 정출력 제어 영역에서는 슬립주파수를 상승시켜 전기자 전류를 일정하게 유지시켜 가속을 얻는 영역이다. 이때 전원전압은 최고점에 이르러 변동이 없이 일정하게 된다.

예제 다음 중 유도전동기 속도제어 시 전압과 전류의 변화가 없는 영역은?

㉮ 정토크 제어 영역   ㉯ 정출력 제어 영역

㉰ 특성 제어 영역   ㉱ 기동토크 제어 영역

해설 유도전동기 속도제어 시 전압과 전류의 변화가 없는 영역은 정출력 제어 영역이다.

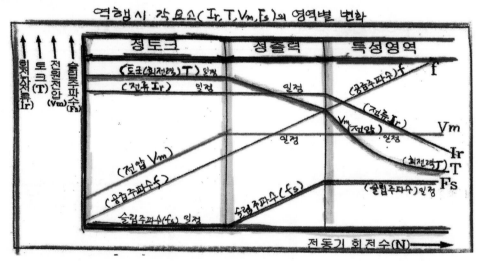

4. 회생제동 시 토크제어

- 역행 시는 전원주파수를 증가시켜 제어하지만, 회생제동 시에는 반대로 전원주파수를 감소시켜 제어한다.
- 역행 시에 제어하던 정출력영역 제어를 제동 시에는 하지 않는다.

- 슬립이 부(−)의 값으로 되면 전동기가 발전기의 형태로 바뀐다.
- 전원주파수를 강제로 낮추어 전동기 회전자의 주파수보다 낮게 하면 발전기로 변환되어 회생제동 제어가 이루어진다.

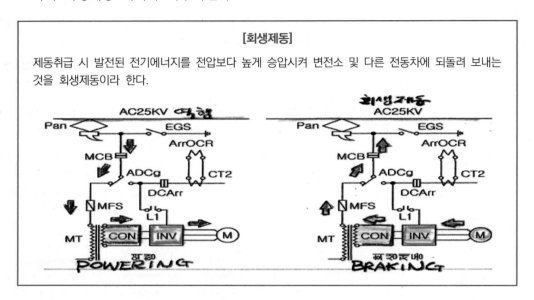

[회생제동]

제동취급 시 발전된 전기에너지를 전압보다 높게 승압시켜 변전소 및 다른 전동차에 되돌려 보내는 것을 회생제동이라 한다.

1) 특성영역(회생브레이크 고속역)

- 전원의 전압을 일정하게 유지하고 슬립주파수를 일정하게 유지시킨 상태에서 인버터의 제어를 통해 전원의 주파수를 줄여 속도를 감속하는 방법이다.

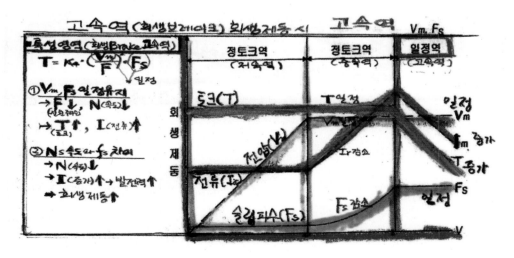

2) 정토크 영역(회생브레이크 중속역)

- 전원의 전압을 일정하게 유지한 상태에서 전원주파수의 자승의 값과 슬립주파수의 비를 일정하게 유지시키면서
- 전원주파수를 낮추면 토크는 일정하게 유지가 되고 그에 따라 속도가 점점 줄어들게 된다.

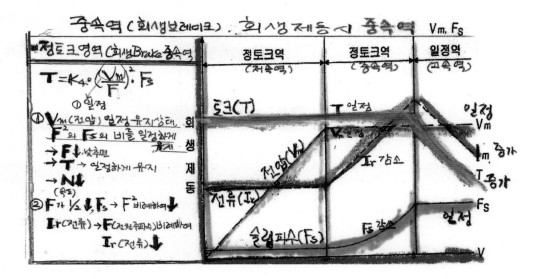

3) 정토크 영역(회생브레이크 저속역)

- 이 영역에서는 전원의 전압을 전원주파수 값의 감소 비에 따라서 감소를 하게 하고
- 슬립주파수는 일정하게 유지시켜 정토크로 제동을 하는 영역이다.

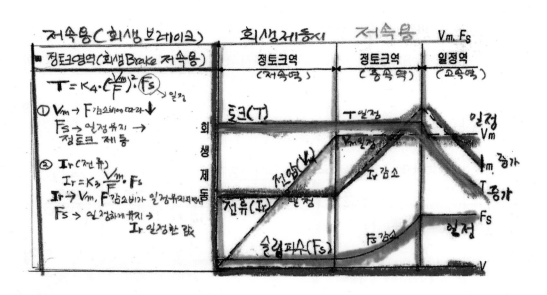

제어상태		제어대상		결과
역행	정토크	f 증가	$V_m/f, f_s$일정, V_m증가	속도 증가	T, I_m일정
	정출력		V_m일정, f_s는 f에 비례하며 증가		T와 f반비례, I_m과 P일정
	특성 영역		V_m일정, f_s일정		T와 f^2반비례, I_m과 f반비례
회생 제동	특성 영역	f 감소	V_m일정, f_s일정	속도 감소	T와 f반비례, I_m과 P일정
	정토크		V_m일정, f_s는 f^2에 비례하며 감소		T일정, I_m과 f비례
	정토크		V_m/f일정, f_s일정, V_m감소		T, I_m일정

예제 다음 중 유도전동기 토크조절 방법으로 회생브레이크 제어영역이 아닌 것은?

㉮ 정토크 제어 ㉯ 정출력 제어

㉰ 특성영역 제어 ㉱ 기동토크 제어

해설 정출력 제어(중속영역)은 동력운전 시 토크제어이다.

예제 다음 중 회생브레이크 저속역에서 열차의 속도를 제어하기 위해 변화를 주는 것은?

㉮ 토크   ㉯ 전류

㉰ 전압   ㉱ 슬립주파수

해설 정토크 영역(회생브레이크 저속역)에서는 전원 전압을 전원 주파수 값의 감소 비에 따라 감소시키고, 슬립주파수는 일정하게 유지시켜 정토크로 제동을 하는 영역이다.

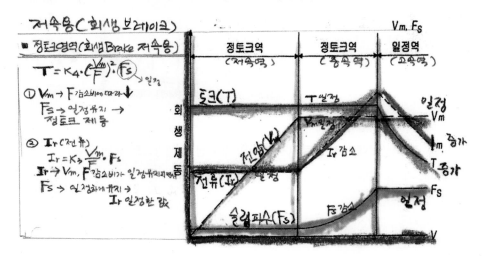

예제 다음 중 회생브레이크 특성 영역 제어에 관한 설명으로 틀린 것은?

㉮ 전압의 변화가 없다.

㉯ 슬립주파수 변화가 없다.

㉰ 토크는 전원 주파수 자승에 비례하여 증가한다.

㉱ 전류의 변화가 없다.

해설 전원주파수에 의한 회전자계의 속도와 슬립주파수와의 차이로 인하여 전동기의 속도는 감소하게 되고 전류가 증가함에 따라 발전력은 증가하고 발전력이 증가하는 만큼 회생제동력도 증가한다.

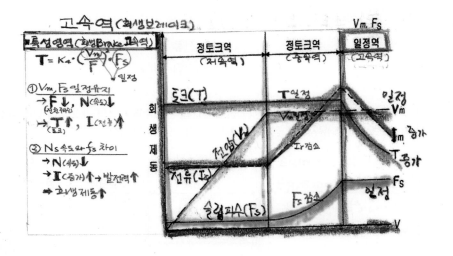

예제 다음 중 회생브레이크 정토크(저속역)영역에 관한 설명으로 틀린 것은?

㉮ 슬립주파수가 일정하다.

㉯ 전류가 일정하다.

㉰ 토크는 변화가 없다.

㉱ 전원전압의 변화가 없다.

해설 정토크(저속역)영역에서는 전원 전압을 전원 주파수 값의 감소 비에 따라 감소시키고, 슬립주파수는 일정하게 유지시켜 정토크로 제동을 하는 영역이다.

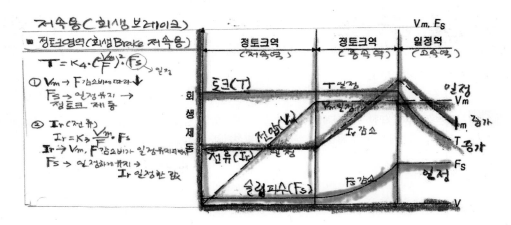

예제 다음 중 회생제동에 맞지 않는 영역은?

㉮ 정토크 영역 ㉯ 특성 영역
㉰ 정출력 영역 ㉱ 일정 영역

제5절 **동력차 성능**

1. 치차비

- 견인전동기의 동력을 차축에 전달하는 치차는 소치차와 대치차로 구성되어 있다.
- 소치차는 주전동기축에, 대치차는 차축에 압입되어 동력을 전달하는 장치이다.
- 이 경우 소치차의 치수와 대치차의 치수비를 치차비(Gear Ratio)라 한다.

치차비(Gr) =대치차의 치수/소치차의 치수

자료: 철도기본용어사전

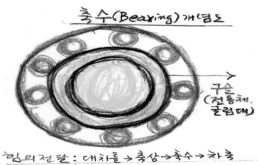

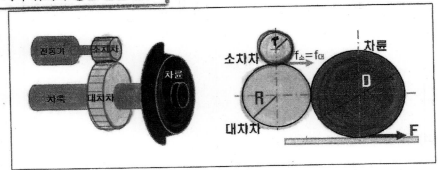

치차비(Gr)와 동륜 견인력(F)

1) 치차비와 속도

주전동기 1회전 시 → 동륜은 1/Gr 회전

[속도 ∝ 1/Gr]
－속도는 치차비에 반비례

[견인력 ∝ Gr]
－견인력은 치차비에 비례

2) 치차비의 선정 제한요소

① 최대허용회전수: 치차비가 클수록 고속운전에 제한된다.
② 기동견인력: 치차비가 작을수록 견인력이 작아지며 기동 시에 견인력 부족으로 인
   출불능 또는 가속불량을 초래한다.
③ 차량한계의 제한: 치차비가 클 때 대치차의 직경이 커지므로 차량한계를 제한한다.

> **예제** 치차비에 대한 설명 중 틀린 것은?(기출문제)

㉮ 치차비는 소치차와 대치차의 비율을 말한다.
㉯ 주전동기 1회전 시 동륜은 치차비에 비례한다.
㉰ 동륜직경은 속도에 비례한다.
㉱ 1시간 동륜회전수는 60 - N/Gr이다.

치차비(Gr)란 이 소치차 치수(잇수)와 대치차 치수(잇수)의 비율을 말하며 주전동기가 1회전 시 동륜은 1/Gr 회전하기에 치차비는 속도에 반비례하고 견인력에 비례한다.

속도 ∝ 1/Gr,

견인력 ∝ Gr

속도는 치차비에 반비례하고, 견인력은 치차비에 비례한다.

예제 다음 중 주전동기 10회전 시 동륜의 회전수로 맞는 것은?(단,: 치차비)

㉮ 1/Gr   ㉯ 5/Gr

㉰ 10/Gr   ㉱ 15/Gr

예제 다음 치차비에 대한 설명 중 맞는 것은?

㉮ 견인전동기의 치차수를 차축의 치차수로 나눈 값이다.

㉯ 치차비가 크면 고속운전에 유리하다.

㉰ 견인전동기 1회전 하면 동륜도 치차비만큼 회전한다.

㉱ **치차비는 속도에 반비례하고 견인력에 비례한다.**

해설 – V = 0.1885DN/Gr에서 Gr = 0.1885DN/V이 되므로 속도에 반비례한다.

– 동력차의 속도는 견인전동기의 회전수(N)에 비례하고, 치차비(Gr)에 반비례하므로 치차비를 크게 할 수록 동력차의 속도는 낮아진다.

– 따라서 치차비가 크면 속도가 낮아지므로 고속운전에 불리하게 된다.

예제 치차비에 대한 설명이다. 틀린 것은?

㉮ **치차비란 소치차의 치수 ÷ 대치차의 치수이다.**

㉯ 치차비가 클수록 견인력은 커지나 회전수는 작아진다.

㉰ 치차비가 3이고 전동기 회전수가 600RPM이라면 동륜은 200RPM한다.

㉱ 속도는 치차비에 반비례한다.

해설 차차비 = 대치차치수/소치차치수

예제 치차비가 3:1인 동력차의 견인전동기가 3,600rpm으로 회전하였다면 차륜은 몇 회전(rpm) 하는가?

㉮ 7,200   ㉯ 3,600
㉰ 1,200   ㉱ 900

해설 차륜회전수= N/Gr 이므로 3,600/3=1,200rpm

예제 다음 중 동력차의 동륜직경이 820mm이고 치차비는 4.82이다. 동력차의 주전동기 회전수가 1,650RPM일 때 이 동력차의 운전속도로 맞는 것은?

㉮ 53km/h   ㉯ 55km/h
㉰ 57km/h   ㉱ 60km/h

해설 V = 0.1885DN/Gr에서 V = 0.1885 × (0.82x1,650)/4.82 = 52.9km

예제 치차비를 선정할 때 제한요소가 아닌 것은?

㉮ 최대 허용 회전수   ㉯ 기동 견인력
㉰ 차량한계의 제한   ㉱ 견인력의 제한

해설 치차비 선정 제한요소는 다음과 같다.
① 최대허용회전수(운전속도): 치차비가 클수록 전동기 회전수가 증가되어야 하므로 고속운전이 제한된다.
② 기동견인력: 치차비가 작을수록 견인력이 작아져서 기동 시 견인력 부족으로 인한 인출불능 또는 가속불량을 초래한다.
③ 차량한계: 치차비가 클수록 대치차 직경이 커지므로 차량한계에 제한을 받는다.

예제 다음 중 치차비 선정 시 제한요소에 포함되지 않는 것은?

㉮ 최대허용회전수   ㉯ 기동견인력
㉰ 차량한계의 제한   ㉱ 견인정수

해설 견인정수는 치차비 선정시 제한요소에 포함되지 않는다.

3) 전동기의 손실과 효율 정격전류

(1) 전동기 손실 〈※ 부동무철〉

가. 부하손(가변손)

① 동손(저항손): 전류가 흐를때 발생하는 저항손이다

② 표류부하손

나. 무부하손(고정손)

① 철손

② 기계손: 전동기의 축 베어링 등 마찰 부분에서 생기는 마찰손과 회전부분의 공기마찰에 의한 풍손이 있다.

　－손실 중 부하손의 대부분은 동손이며

　－무부하손의 대부분은 철손이다.

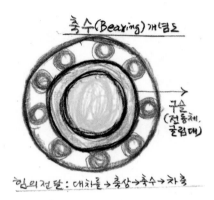

축수(Bearing)개념도

구슬(전동체, 굴림대)

힘의전달: 대차틀→축상→축수→차축

[전동기 손실]

부하손(가변손)
(1) 동손(저항손): 전류가 흐를 때 발생하는 저항손, 부하손의 대부분을 차지한다.
(2) 표류부하손: 부하의 변화에 수반하여 불규칙적으로 변하는 손실로 측정하기 어려우며 다른 부하에 비해 비교적 낮다.

무부하손(고정손)
(1) 철손
　　① 와류손: 전기자 철심이 자계 내를 회전하므로 발생하는 손실
　　② 히스테리손: 철심에 전자기 에너지를 공급·방출하는 데 따라 그 중 일부가 철심에 축적되었다가 열에너지로 방출되는 것
(2) 기계손
　　① 마찰손: 전동기 축, 베어링 등 마찰부에서 생기는 손실
　　② 풍손: 회전부의 공기마찰에 의한 손실

---

(2) 전동기 효율

효율＝출력/입력×100%＝(입력－손실)/입력×100%

예제 출력이 1,200HP, 효율이 80%라면 지시마력은?

㉮ 1,000HP   ㉯ 1,200HP

㉰ 1,400HP   ㉱ **1,500HP**

해설 [효율 = 출력/입력]이므로 0.8 = 1,200/입력(지시마력), 지시마력 = 1,500HP

예제 입력이 500N이고 손실이 10N일 때 전동기의 효율은?(기출문제)

㉮ 90%   ㉯ 91%

㉰ **98%**   ㉱ 99%

해설 [효율 = 출력/입력 = (입력 − 손실/입력)]이므로 (500 − 10)/500 = 98%

예제 전동기 효율과 정격에 대한 설명으로 틀린 것은?

㉮ 연속정격이 정격 중 가장 중요하다.

㉯ 효율은 출력값과 입력값의 비이다.

㉰ 출력이 크면 효율이 감소한다.

㉱ 소손 원인의 가장 큰 비중은 온도상승이다.

해설 [효율 = 출력/입력]이므로 효율은 출력에 비례한다. 따라서 출력이 크면 효율은 커진다.

(3) 전동기의 정격

정격전류란 전동기를 온도상승으로부터 보호하기 위한 제한이다. 사용시간에 따른 최대공급 전류량을 규정하는데 이를 정격전류라 한다.

－정격전류(표준전류)는 ① 연속정격(가장중요),

－단시간 정격(② 1시간, ③ 30분, ④ 15분)으로 구분

```
┌─────────────────────────────────────────────────────────────────────────────┐
│                          [전동기의 정격의 개요]                                   │
│  ① 온도상승은 전동기 소손 원인 중 가장 큰 비중을 차지한다.                           │
│  ② 전동기에 발생하는 온도는 부하전류와 부하시간에 비례하여 증가한다.                   │
│                                                                               │
│  ◆ 정격전류란 전동기를 안전하게 사용하기 위한 제한으로 사용시간에 따른 최대 공급전류량을 규정 │
│    한 것                                                                       │
│    ㉠ 연속 정격: 동력차의 정격 중 가장 중요                                        │
│    ㉡ 60분 정격: 1시간 연속 구동하여도 열이 발생하는 부분의 온도상승이 허용범위 이내인 것  │
│    ㉢ 30분 정격: 30분 연속 구동하여도 열이 발생하는 부분의 온도상승이 허용범위 이내인 것   │
│    ㉣ 15분 정격: 15분 연속 구동하여도 열이 발생하는 부분의 온도상승이 허용범위 이내인 것   │
└─────────────────────────────────────────────────────────────────────────────┘
```

예제 다음 전동기 정격에 대한 설명이다. 틀린 것은?

㉮ 전동기의 소손 원인 중 가장 큰 비중을 차지하는 것은 온도상승이다.

㉯ 동력차의 정격 중 가장 중요한 것은 연속정격이다

㉰ 전동기를 안전하게 사용하기 위한 최대 공급전류량을 제한하는 것이다.

㉱ 전동기에 발생하는 온도는 부하가 걸린 시간과 관계없이 증가한다.

해설 전동기의 정격의 개요는 다음과 같다.
① 온도상승은 전동기 소손 원인 중 가장 큰 비중을 차지한다.
② 전동기에 발생하는 온도는 부하전류와 부하시간에 비례하여 증가한다.정격전류란 전동기를 안전하게
사용하기 위한 제한으로 사용시간에 따른 최대공급전류량을 규정한 것이다.
㉠ 연속 정격: 동력차의 정격 중 가장 중요
㉡ 60분 정격: 1시간 연속 구동하여도 열이 발생하는 부분의 온도상승이 허용범위 이내인 것
㉢ 30분 정격: 30분 연속 구동하여도 열이 발생하는 부분의 온도상승이 허용범위 이내인 것
㉣ 15분 정격: 15분 연속 구동하여도 열이 발생하는 부분의 온도상승이 허용범위 이내인 것

예제 다음 중 전동기 정격을 구분하는 범위에 포함되지 않는 것은?

㉮ 연속 정격   ㉯ 1시간 정격

㉰ 30분 정격   ㉱ 10분 정격

해설 정력전류는 연속정격, 단시간 정격(1시간, 30분, 15분)으로 구분한다.

예제 다음 중 전동기 손실에 관한 설명으로 틀린 것은?

㉮ 고정손은 무부하손이라고도 한다.

㉯ 손실 중 부하손의 대부분은 동손이다.

㉰ 표류부하손은 가변손이다.

㉱ 저항손은 고정손이다.

[전동기 손실]

부하손(가변손)

(1) 동손(저항손): 전류가 흐를 때 발생하는 저항손, 부하손의 대부분을 차지한다.

(2) 표류부하손: 부하의 변화에 수반하여 불규칙적으로 변하는 손실로 측정하기 어려우며 다른 부하
   에 비해 비교적 낮다.

무부하손(고정손)

(1) 철손
   ① 와류손: 전기자 철심이 자계 내를 회전하므로 발생하는 손실
   ② 히스테리손: 철심에 전자기 에너지를 공급·방출하는 데 따라 그 중 일부가 철심에 축적되었
      다가 열에너지로 방출되는 것

(2) 기계손
   ① 마찰손: 전동기 축, 베어링 등 마찰부에서 생기는 손실
   ② 풍손: 회전부의 공기마찰에 의한 손실

예제 다음 중 전류가 흐를 때 발생하는 손실로 맞는 것은?

㉮ 동손(저항손)   ㉯ 기계손

㉰ 철손   ㉱ 표류부하손

해설 전류가 흐를 때 발생하는 손실은 동손(저항손)이 대부분을 차지한다.

예제 부하손의 대부분을 차지하는 손실을 무엇이라 하는가?(기출문제)

㉮ 저항손   ㉯ 철손

㉰ 와류손   ㉱ 마찰손

예제 다음 중 전동기의 부하의 변화에 수반하여 불규칙적으로 변화하는 손실은?

㉮ 저항손　　　　　　　　　　　　　㉯ 표류부하손

㉰ 철손　　　　　　　　　　　　　　㉱ 기계손

해설 전동기의 부하의 변화에 수반하여 불규칙적으로 변화하는 손실을 표류부하손이라고 한다.

예제 전동기 손실 중 고정손이 아닌 것은?

㉮ 와류손　　　　　　　　　　　　　㉯ 표류부하손

㉰ 히스테리손　　　　　　　　　　　㉱ 마찰손

해설 표류부하손은 가변손에 해당된다.

예제 다음 전동기의 손실 중 전기에너지의 일부가 전기자 철심에 축적되었다가 열로 방출되는 손실을 무엇이라 하는가?

㉮ 저항손　　　　　　　　　　　　　㉯ 표류부하손

㉰ 와류손　　　　　　　　　　　　　㉱ 히스테리시스손

예제 전동기 손실에 대한 설명으로 맞지 않는 것은?

㉮ 동손은 무부하손(고정손)으로 전류가 흐를 때 발생하는 저항손이다.

㉯ 표류부하손은 부하의 변화에 수반하여 불규칙적으로 변화하는 손실이다.

㉰ 철손은 와류손과 히스테리손이 있다.

㉱ 기계손은 전동기의 축, 베어링 등 마찰부분에서 생기는 손실이다.

해설 동손은 부하손(가변손)으로 전류가 흐를 때 발생하는 저항손이다.

- 동력차의 견인력(Tractive Force)은 차량의 내부(전동기)에서 발생하는 회전력이 차륜에 전달되어 차륜답면에 발휘되는 힘
- 이때의 견인력은 차량의 특성, 차륜과 레일 간의 상태 및 점착계수, 차량연결량수 등에 의해 지배를 받게 되며, 이 크기에 따라 열차운전의 제한요소가 결정됨

[동력차가 공전을 하지 않고 가속 전진하기 위한 기본조건]

$$F > Td > R$$

(F: 동륜과 레일면의 마찰력, Td: 동륜주견인력, R: 열차저항)

예제 다음 중 열차가 공전되지 않는 조건으로 옳은 것은?(F: 마찰력, Td: 동륜주견인력, R:열차저항)

㉮ F>Td>R   ㉯ F<Td<R
㉰ F>R>Td   ㉭ R>Td>F

해설 동력차의 전진 기본조건은 다음과 같다. 동륜과 레일면의 마찰력(F) > 동륜주견인력(Fd) > 열차저항(R)

예제 다음 중 동력차의 견인력 구성요건으로 적절하지 않는 것은?(단, F: 점착력, Ti: 지시견인력, Td: 동륜주견인력, Te: 인장봉견인력, W: 동력차중량, R: 동력차주행저항)

㉮ F > Td > R   ㉯ F - R <Td <Ti
㉰ Ti > Td > F   ㉭ Te = Td - W · R

해설 F(점착력) > Td(동륜주견인력)

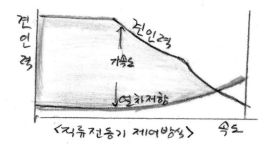

1. 견인력의 분류

1) 작용하는 장소에 따른 분류

(1) 지시견인력(Ti)   ※ 〈지동인〉 지시견인력. 동륜주견인력, 인장봉견인력

－동력차의 구조와 특성에 의한 견인력이며, 기계 각부의 마찰로 인한 손실을 고려하지 않고 기계효율을 100%로 보았을 때 견인력이다.

－견인력 중 가장 큰 값을 가진다.

(2) 동륜주견인력(Td)

－동륜과 레일 면간에 발휘되는 견인력으로서 동력차 종별 지시견인력에 의한 내부손실을 제한 견인력이다.

－동륜주견인력은 전력입력원 또는 기관출력보다 작다.

동륜에 발생하는 출력(P)과 동륜주견인력(Td), 속도(V)의 관계식은 다음과 같다.

$$Td = T \times Gr \times \eta \times 2/D \times N$$

[T: 회전력(kgf· m), Gr: 치차비, η: 기어전달효율. D: 동륜지름(m) , N: 견인전동기수]

(3) 인장봉견인력(Te)

동력차가 객화차를 견인하고 주행하는 경우 동력차 후부 연결기에 나타나는 유효견인력을 인장봉견인력이라 한다. 견인력 중 가장 작은 견인력이다.

$$Te = Td - W \times R(kg)$$

[Te: 인장봉견인력(kgf), r: 동력차주행저항(kgf/ton), W: 동력차중량(kgf)]

예제 다음 중 작용하는 장소에 따른 분류에 포함되지 않는 견인력은?

㉮ 지시견인력   ㉯ 동륜주견인력
㉰ 인장봉견인력   ㉱ 점착견인력

해설 견인력의 분류방법은 다음과 같다.
    (1) 작용하는 장소에 따른 분류(지동인)
        ㉠ 지시견인력, ㉡ 동륜주견인력, ㉢ 인장봉견인력

(2) 제한인자에 따른 분류
    ⊙ 점착견인력, ⓒ 특성견인력

예제 다음 중 동력차의 견인력으로 각종 기계손실을 제외한 견인력은?

㉮ 지시견인력　　　　　　　　　　㉯ 동륜주견인력
㉰ 유효견인력　　　　　　　　　　㉱ 인장봉견인력

해설 동륜주견인력은 동륜과 레일면 간에 발휘되는 실제 견인력으로서 동력차의 지시견인력에서 기계마찰 등 내부손실을 뺀 견인력을 말한다.

예제 다음 중 동륜주견인력에 대한 설명으로 틀린 것은?

㉮ 동륜주견인력은 속도에 반비례한다.
㉯ 동륜주견인력은 동륜직경에 반비례한다
㉰ 동륜주견인력은 치차비에 비례한다.
㉱ 동륜주견인력은 회전력에 반비례한다.

해설 – 동륜주견인력(Td)은 회전력에 비례한다.
  – 동륜주견인력(Td)는 속도, 동륜직경(D)에 반비례하고 전동기의 회전력, 치차비, 전동기수, 전달효율에 비례한다. $Td = T \times Gr \times \eta \times 2 / D \times N$
    [T: 회전력(kgf · m), Gr: 치차비, η: 기어전달효율. D: 동륜지름(m) , N: 견인전동기수]
  – $Td = 0.3672 \times (EtI/V) \times mJJ'(kg)$, [Et: 전압, I: 전류, V: 속도, m: 전동기 수, J: 전동기 효율 J': 치차효율]에서 동인주견인력(Td)은 속도에 반비례하고 전압 · 전류에 비례한다.

예제 다음 중 동륜주견인력과 무관한 것은?

㉮ 전동기회전력에 비례　　　　　　㉯ **치차비에 반비례**
㉰ 동륜직경에 반비례　　　　　　　㉱ 전동기수에 비례

해설 $Td = T \times Gr \times \eta \times 2 / D \times N$에서 동인주견인력은 치차비에 비례함을 알 수 있다.

예제 다음 중 열차가 등속운전을 하는 경우는?(단, Td: 동륜주견인력, R: 열차저항)

㉮ Td > R   ㉯ Td < R
㉰ Td = 일정   ㉱ Td = R

해설 동인주견인력(Td)과 열차저항(R)이 같을 때 열차는 등속운전한다.

예제 다음 중 동력차가 객화차를 견인하고 주행할 때 동력차 후부의 연결기에 걸리는 유효견인 력으로 견인력 중 가장 작은 견인력은?

㉮ 지시견인력   ㉯ 동륜주견인력
㉰ 점착견인력   ㉱ 인장봉견인력

해설 인장봉견인력이란 동력차가 객화차를 견인하고 주행할 때 동력차 후부의 연결기에 걸리는 유효견인력으로 동륜주견인력에서 동력차 자체의 주행저항을 뺀 견인력을 말하며 주행저항의 크기에 따라 다르다. 객화차의 연결기에 걸리는 견인력으로서 견인력 중 가장 작은 견인력이다.

예제 다음의 빈칸에 들어갈 말로 알맞은 것은?

> [동력차의 (ㄱ)에서 동력차 자체의 (ㄴ)를 뺀 견인력을 인장봉견인력이라 한다.]

㉮ 지시견인력, 공기저항   ㉯ 동륜주견인력, 출발저항
㉰ 지시견인력, 기계마찰 등의 내부손실   **㉱ 동륜주견인력, 주행저항**

2) 크기를 제한하는 인자에 따른 분류

[크기를 제한하는 요소에 따른 분류] ※⟨기특점⟩ 기동견인력 특성견인력 점착견인력

(1) 기동견인력

- 기동 발차 시 견인전동기에 과대전류가 흐르지 않도록 제한하는 견인력이다.
- 기동 발차 시 견인전동기의 온도상승이 허용한도를 초과하지 않도록 제한하는 견인력이다.

(2) 특성견인력

- 동력차의 특성곡선에서 산출하여 운전계획에 적용하는 견인력이다.
- 견인전동기의 운전특성에 의하여 제한되는 견인력으로 운전 시 최종 단수에 있어서의 견인력이다.

(3) 점착견인력(Ta)

- 동력차의 동륜주와 레일면간의 마찰력을 점착력(Adhesion)이라 한다.
- 이때의 점착력은 동륜주견인력이 커지면 증가하나 일정한도를 넘으면 공전하게 되어 급속히 감소하게 된다.

예제 다음 중 열차가 고속운전 시 영향을 주는 견인력으로 보기 힘든 것은?

㉮ 점착견인력   ㉯ 특성견인력
㉰ 유효견인력   ㉱ 인장봉견인력

해설 점착견인력은 동륜주견인력이 커지면 따라서 증가하나, 일정한도를 넘으면 공전하게 되어 급속히 감소한다.

- 일반적으로 점착력은 최대점착력을 말한다.
- 이와 같은 점착력에 제한을 받는 견인력을 점착견인력이라 한다.

$$Ta = Wd \times \mu \ (kg)$$

[Ta: 점착견인력(kg), μ:점착계수, Wd:동륜상 중량(ton)]

- 동륜주견인력이 점착견인력보다 크게 되면 동륜은 공전하므로 동륜주견인력은 항상 점착견인력의 제한을 받는다.
- 공전하지 않기 위해서는 점착견인력이 동륜주견인력보다 커야 한다.

※ 공전방지 ⇒ 점착력 > 동륜주견인력

① **점착계수(μ)**: 공전하는 순간의 점착 견인력과 동력차 정지시의 동륜상 중량과의 비를 말한다.
　－점착계수는 기후 선로상태 동력차상태 축중 이동량에 따라 변화할 수 있다.

> **[점착계수]**
> － 점착계수(μ)는 공 동륜이 레일면 위를 미끄러지지 않고 힘을 전달할 수 있는 한계로서
> － 공전하는 순간의 점착견인력과 동력차 정지 시의 동륜상 중량과의 비를 말하며 기후, 선로상태, 동력차상태, 축중 이동량에 따라 변화할 수 있다.

■ 궤도상태에 따른 마찰계수

궤도상태	일반적인 경우	모래를 뿌린 경우
건조하고 맑을 경우	0.25~0.30	0.35~0.40
습한 경우	0.18~0.20	0.22~0.25
서리가 내린 경우	0.15~0.18	0.20~0.22
기름 끼가 있는 경우	0.10	0.15
낙엽이 있는 경우	0.08	

② **점착력의 영향인자**　[※ 건습서기낙: 건조 > 습기 > 서리 > 기름 > 낙엽]
　－접촉면 상태
　－속도의 변화
　－축중 이동
　－점착계수
　－곡선통과 등에 의한 횡방향 슬립영향

③ **점착력의 향상방안**
　－점착계수의 향상
　－동륜 축중의 일시적 변화유도
　－축중이동 방지
　－활주방지장치의 도입

예제 다음 중 점착견인력에 관한 설명으로 틀린 것은?

㉮ 점착력에 제한받는 견인력이다.

㉯ 점착계수에 동륜상 하중을 곱해 산출한다.

㉰ **점착견인력이 동륜주견인력보다 크면 차륜이 공전한다.**

㉱ 점착견인력은 기후, 선로상태 등에 영향을 받는다.

해설 – 점착견인력(Ta) = 접착계수(μ) × 동륜상중량(Wd)
  – 동력차의 동륜주(차륜의 답면)와 레일 면간의 마찰력을 점착력이라 하며 이때의 점착력은 동륜주견인력이 커지면 따라서 증가하나, 일정한도를 넘으면 공전하게 되어 급속히 감소하게 된다.
  – 점착력은 최대점착력을 말하며, 이와 같은 점착력에 제한을 받는 견인력을 점착견인력이라 한다.
  – 동륜주견인력이 점착견인력보다 크면 동륜은 공전하므로 동륜주견인력은 항상 점착견인력에 의해 제한을 받는다. 즉 공전하지 않기 위해서는 점착견인력이 동륜주견인력보다 커야 한다.

예제 다음 중 점착견인력에 관한 설명으로 틀린 것은?

㉮ 일반적으로 점착력으로 최대점착력을 말한다.

㉯ 점착계수에 제한을 받는 견인력이다.

㉰ 차륜이 공전하게 되면 점착력은 급속히 감소하게 된다.

㉱ **점착견인력은 동륜주견인력보다 작아야 한다.**

해설 공전하지 않기 위해서는 점착견인력이 동륜주견인력보다 커야 한다.

예제 다음 중 점착견인력과 가장 밀접한 관계가 있는 견인력은?

㉮ 지시견인력 ㉯ 동륜주견인력

㉰ 인장봉견인력 ㉱ 특성견인력

해설 동륜주견인력은 항상 점착견인력에 의해 영향을 받게 된다.

예제 다음 중 점착계수에 관한 설명으로 가장 올바른 것은?

㉮ 차축과 레일간의 마찰계수 ㉯ 점착견인력과 동륜상중량과의 비

㉰ 동륜주견인력과 동륜상중량과의 비 ㉱ 레일과 플랜지간의 마찰계수

해설 점착계수는 공전하는 순간의 점착견인력과 동력차 정지시의 동륜상중량과의 비를 말한다.
Ta = Wd × μ (kg)에서 μ= Ta/Wd이므로 점착계수는 점착견인력과 동륜상중량과의 비율이다.
[Ta: 점착견인력(kg), μ: 점착계수, Wd: 동륜상중량(ton)]

예제 다음 중 점착견인력의 크기를 좌우하는 가장 큰 요소로 볼 수 있는 것은?

㉮ 레일상태   ㉯ 답면의 크기

㉰ **동륜상중량**   ㉱ 재화차중량

해설 점착견인력(Ta) = 동륜상중량(Wd)×점착계수(μ)에서 점착견인력의 크기를 좌우하는 가장 큰 요소는 동륜상중량이다.

예제 다음 중 점착력에 영향을 미치는 인자가 아닌 것은?

㉮ 축중이동   ㉯ **종방향 슬립영향**

㉰ 속도의 변화   ㉱ 접촉면 상태

해설 점착력에 영향을 미치는 인자는 다음과 같다.
① 접촉면 상태
② 속도의 변화
③ 축중이동
④ 점착계수
⑤ 곡선통과 등에 의한 횡방향 슬립영향

예제 다음 중 점착계수를 변화시키는 원인에 포함되지 않는 것은?

㉮ 선로상태   ㉯ 동력차상태

㉰ 축중이동량   ㉱ **연결량수**

해설 점착계수는 기후, 선로상태, 동력차상태, 축중이동량에 따라 변화할 수 있다.

예제 다음 중 공전 및 활주가능성이 가장 큰 경우는?

㉮ 레일면에 낙엽이 있는 경우   ㉯ 레일면에 기름성분이 있는 경우
㉰ 레일면에 서리가 내려 있는 경우   ㉱ 레일면에 물기가 있는 경우

해설 건습서기낙: 건조 > 습기 > 서리 > 기름 > 낙엽

예제 다음 중 일반적인 경우 레일면의 점착계수의 크기를 바르게 나열한 것은?

㉮ 건조하고 맑을 경우 > 습한 경우 > 서리가 내린 경우 > 기름기가 있는 경우 > 낙엽이 있는 경우
㉯ 낙엽이 있는 경우 > 서리가 내린 경우 > 습한 경우 > 건조하고 맑을 경우 > 기름기가 있는 경우
㉰ 건조하고 맑을 경우 > 서리가 내린 경우 > 습한 경우 > 기름기가 있는 경우 > 낙엽이 있는 경우
㉱ 낙엽이 있는 경우 > 기름기가 있는 경우 > 서리가 내린 경우 > 습한 경우 > 건조하고 맑을 경우

해설 건습서기낙: 건조 > 습기 > 서리 > 기름 > 낙엽

예제 일반적인 상황에서 습한 경우 점착계수로 맞는 것은?

㉮ 0.22 ~ 0.25   ㉯ 0.20 ~ 0.22
㉰ 0.18 ~ 0.20   ㉱ 0.15 ~ 0.18

예제 다음 중 점착력을 향상시키기 위한 방안으로 틀린 것은?

㉮ 레일 도유기 설치   ㉯ 축중 이동방지
㉰ 스로틀(주간제어기)취급의 적정   ㉱ 활주방지장치의 도입

해설 **[점착력을 향상시키기 위한 방안]**
① 점착계수의 향상
② 동축중의 일시적 변화유도
③ 축중 이동(하중 쏠림)방지
④ 스로틀(주간제어기)취급의 적정
⑤ 활주방지장치의 도입

예제 다음 중 견인전동기 운전특성에 의하여 제한되는 견인력은?

㉮ 지시견인력   ㉯ 동륜주견인력

㉰ 인장봉견인력   ㉱ **특성견인력**

해설 특성견인력은 동력차의 특성곡선에서 산출하여 운전계획에 적용하는 견인력으로 견인전동기의 운전특성에 의하여 제한된다. 직렬, 직병렬, 병렬, 병렬약계자회로 운전 시 최종 위치(단)에 있어서의 견인력이다.

예제 지시견인력에 의한 내부손실을 뺀 견인력을 무엇이라 하는가?(기출문제)

㉯ 동륜주견인력   ㉯ 특성견인력

㉰ 유효견인력   ㉱ 인장봉견인력

해설 동균주견인력(Td)은 동륜과 레일면 간에 나타나는 실제 견인력으로서 동력차의 지시견인력에서 기계마찰 등 내부손실을 뺀 견인력을 말한다.

예제 다음 중 운전계획상 특성견인력 값으로 틀린 것은?

㉮ 디젤기관차로 여객열차 평상 발차 시 1시간 정격전류의 120% 이내

㉯ 디젤기관차로 화물열차 평상 발차 시 1시간 정격전류의 100% 이내

㉰ 디젤기관차로 도중구배 발차 시 1시간 정격전류의 160% 이내

㉱ 전기기관차 평상 발차 시 1시간 정격전압의 100% 이내

해설 **[운전계획상 특성견인력 값]**
  (1) 전기기관차
     – 공칭 전차선 전압에 의해 사정하고 적정사정이 곤란할 때 공칭전압의 90% 이하로 사정
  (2) 디젤기관차
     – 평상 발차시
     – 여객열차: 1시간 정격전류의 120% 이내
     – 화물열차: 1시간 정격전류의 100% 이내
     – 도중구배 발차(기동)시: 1시간 정격정류의 160% 이내
  (3) 디젤동차
     – 평상 발차시: 점착견인력에 대응한 견인력의 95% 이하로 사정
     – 도중구배 발차(기동)시: 점착견인력에 대응한 견인력으로 사정

예제 디젤기관차 도중구배 발차시 특성견인력 값은?(기출문제)

㉮ 1시간 정격전류의 100% 이내   ㉯ 1시간 정격전류의 120% 이내

㉰ 1시간 정격전류의 160% 이내   ㉱ 1시간 정격전류의 180% 이내

[운전계획상 특성견인력 값]

(1) 전기기관차

    －공칭 전차선 전압에 의해 사정하고 적정사정이 곤란할 때 공칭전압의 90% 이하
로 사정

(2) 디젤기관차

    －평상 발차시

    －여객열차: 1시간 정격전류의 120% 이내

    －화물열차: 1시간 정격전류의 100% 이내

    －도중구배 발차(기동)시: 1시간 정격전류의 160% 이내

(3) 디젤동차

    －평상 발차시: 점착견인력에 대응한 견인력의 95% 이하로 사정

    －도중구배 발차(기동)시: 점착견인력에 대응한 견인력으로 사정

예제 다음 중 열차속도가 상승하는 경우 동력차의 특성견인력을 제한하는 요소로 맞는 것은?

㉮ 단자전압   ㉯ 저항

㉰ 전류   ㉱ **역기전력**

해설 역기전력은 공급전류에 대하여 일종의 저항으로 작용한다.

3) 동력차 견인력의 산정

[동력차의 견인력에 대한 지배요소(Ruling Grade)]
- 차량의 특성(동력차별 출력특성 기어비 견인전동기 성능)
- 동륜상하중
- 차륜과 레일 간의 상태
- 점착계수
- 차량의 연결량 수

예제 다음 중 견인력을 지배하는 원인으로 거리가 먼 것은?

㉮ 차량의 특성   ㉯ 점착계수
㉰ **차량연결순서**   ㉱ 차륜과 레일간의 상태

해설 견인력(Tractive Force)이란 전동기에서 발생한 회전력이 차륜에 전달되어 차륜 답면에서 발휘되는 힘을 말한다. 이때 견인력은 차량의 특성, 차륜과 레일간의 상태, 점착계수, 차량연결량 수 등에 의해 지배를 받게 되며, 이 크기에 따라 열차운전의 제한요소가 결정된다.

2. 견인정수

- 운전기준에 의한 동력차의 안전한 최대견인력
- 즉 동력차가 운전속도 종별에 따라서 각 구간에 한정된 운전시분으로 운전할 때 안전하게 견인할 수 있는 능력의 최대량 수를 말한다.
- 단위는 차중율로 표시한다.

1) 견인정수의 종류

(1) 실제량수법
(2) 실제톤수법
(3) 인장봉하중법
(4) 수정톤수법
(5) 환산량수법: 현재 사용하고 있는 견인정수법으로 차량의 환산량수에 의하여 견인정수를 정하는 방법

환산량수: Wg = W (차량중량)/ Wg (기준중량)

[견인정수의 종류]

(1) 실제량수법
  - 현차수로 정하는 방법으로 가장 원시적인 방법이다.

(2) 실제톤수법
  - 실제중량으로 정하는 방법이다. 단점으로는 열차저항이 반드시 열차중량에 비례하는 것이 아니므로 동일 중량의 열차라도 필요한 견인력이 달라질 수 있어 실제중량을 구하기 어렵고 취급이 복잡하다.

(3) 수정톤수법
  - 객화차 저항이 전부중량에 비례하는 것이라고 가정할 경우 같은 저항을 부여하는 방법

(4) 인장봉하중법
  - 인장봉견인력과 열차저항(가속도 저항 제외)이 대등하게 되는 객화차수를 견인정수로 하는 방법이다. 단점으로는 취급이 복잡하여 실무 적용이 어렵다.

(5) 환산량수법
  - 현재 한국철도에서 사용하고 있는 견인정수법으로 차량의 환산량수에 의해 견인정수를 정하는 방법이다.

$$환산량수 = 차량중량/기준중량 = (차중+실적재중량)/기준중량$$

  - 차량중량(차중+실적재중량): 승차인원 1인당 표준 = 75kg, 고속열차 승차율 = 100%, 기타열차 승차율 150%
  - 기준중량: 기관차(단, 동력차는 관성중량 부과) 30톤, 동타·객차 40톤, 화차 43.5톤

---

2) 견인정수의 사정

(1) 사정구배(지배구배)

- 열차의 견인정수 지배요인은 구배, 곡선, 동력차성능, 운전방법, 천후상태 등 여러 가지 요소가 있으나 최대의 영향을 미치는 것은 선로의 구배이다.
- 어느 운전구의 상구배 중 최대견인력이 요구되는 구배를 그 구간의 견인정수를 지배하는 구배라 하여 사정구배(Ruling Grade) 또는 지배구배라 한다.

(2) 가상구배

- 구배구간을 운전하는 열차의 속도변화를 구배로 환산하여 실제의 구배에 대수적으로

가산한 수치이다.

- 예로서 열차가 10퍼밀의 상구배를 구배정상까지 오른다고 하자. 열차가 달려오던 타력을 이용하여 4퍼밀 분만큼 올랐고 나머지 6퍼밀 분은 견인력을 발휘하여 올랐다고 하면 이때의 가상구배는 10－4＝6퍼밀이 된다.

(3) 제한구배에서의 균형속도

(4) 견인정수 사정상 고려사항

① 열차사명
② 선로의 상태
- 견인정수를 지배하는 최대의 요소는 상구배이다.
- 상구배의 완급과 장단 곡선 및 터널 레일의 상태 하구배의 제동거리
③ 선로유효장 및 유효장
④ 동력차상태
⑤ 기온

예제 다음 중 견인정수에 관한 설명으로 틀린 것은?

㉮ 합리적이고 경제적인 운영조건을 제공한다.
㉯ 운전기준에 의한 동력차의 안전한 최대견인력이다.
㉰ 운전기준에 의한 안전하게 견인할 수 있는 최소량 수를 말한다.
㉱ 견인력과 열차저항을 기초로 하여 산정한다.

해설 **[견인정수란?]**
- 정해진 운전속도로 동력차가 끌 수 있는 최대량 수를 말한다.
- 즉, 열차의 운전속도 종별에 따라 각 구간을 정해진 운전시분 내에 운전할 때 동력차가 안전하게 견인할 수 있는 최대량수를 말한다.
- 동력차의 견인정수는 동력차가 발휘하는 견인력과 열차저항을 기초로 산출한다.
- 열차 안전수송의 한도로서 철도수송 실무에 열차운행계획, 객화열차 조성, 동력차 운용 등에 합리적이고 경제적인 운영조건을 제공하고 있다.

예제 **다음 중 견인정수에 관한 설명으로 틀린 것은?**

㉮ 특정구간에 정해진 속도로 안전하게 끌 수 있는 최대견인력이다.

㉯ 단위는 차중률로 표시한다.

㉰ 동력차의 견인력과 열차저항을 기초로 산정한다.

㉱ 환산량수법에서 동차 및 객차는 40톤, 화차는 43.5톤을 1량으로 계산한다.

해설 견인정수란 열차의 운전속도 종별에 따라 각 구간을 정해진 운전시분 내에 운전할 때 동력차가 안전하게 견인할 수있는 최대량 수를 말한다.

예제 **다음 중 기관차의 견인정수에 관한 설명으로 틀린 것은?**

㉮ 마력에 비례한다.

㉯ 속도에 반비례한다

㉰ 곡선반경은 견인정수에 영향을 준다.

㉱ 기관차의 견인력은 속도와는 별 관계없이 일정하게 작용한다.

해설 견인력은 속도에 반비례한다.
[견인정수]
- 견인정수란 정해진 운전속도로 동력차가 끌 수 있는 최대량 수를 말한다.
- 즉, 열차의 운전속도 종별에 따라 각 구간을 정해진 운전시분 내에 운전할 때 동력차가 안전하게 견인할 수 있는 최대량수를 말한다.
- 동력차의 견인정수는 동력차가 발휘하는 견인력과 열차저항을 기초로 산출한다.
- 열차 안전수송의 한도로서 철도수송실무에 열차운행계획, 객화 열차 조성, 동력차 운용 등에 합리적이고 경제적인 운영조건을 제공하고 있다.

예제 **다음 중 객화차의 중량을 가지고 견인정수를 정하는 방법은?**

㉮ 실제량수법

㉯ 실제톤수법

㉰ 인장봉하중법

㉱ 수정톤수법

해설 객화차의 실제 중량을 가지고 견인정수를 정하는 방법은 실제톤수법이다.

예제 다음 중 견인정수를 정할 때 실제톤수법의 단점이라고 할 수 있는 것은?

㉮ 동일중량의 열차라도 견인력이 달라지므로 구하기가 곤란하고 취급이 복잡하다.

㉯ 인장봉견인력과 열차저항이 대등하게 되도록 객화차를 연결하는 복잡하다.

㉰ 차량의 크기 및 중량이 일정하게 되어 있지 않아 취급이 어렵다.

㉱ 객화차의 톤당 주행저항이 영공차별로 상이하므로 취급이 어렵다.

예제 객화차의 저항이 중량에 비례하는 것이라고 가정한 경우에 정하는 견인정수 방법은?

㉮ 실제량수법   ㉯ 실제톤수법

㉰ 인장봉하중법   ㉱ 수정톤수법

예제 다음 중 기관차의 인장봉견인력과 열차저항의 대등한 관계를 가지고 정한 견인정수법은?

㉮ 실제량수법   ㉯ 실제톤수법

㉰ **인장봉하중법**   ㉱ 수정톤수법

해설 기관차의 인장봉견인력과 열차저항(가속도 저항은 제외)이 대등하게 되는 객화차 수를 견인정수로 하는 방법을 인장봉하중법이라 한다.

예제 한국철도에서 사용하는 환산량 수로 옳은 것은?

㉮ 열차중량/기준준량   ㉯ 열차중량/가중중량

㉰ **차량중량/기준중량**   ㉱ 차량중량/가중중량

해설 한국철도에서 사용하는 환산량 수는 차량중량/기준중량이다.

예제 다음 중 환산량수 계산 시 차량중량에 대한 값으로 맞는 것은?

㉮ **자중 + 실적재 중량**   ㉯ 자중 + 부가관성 중량

㉰ 기준중량 + 실적재 중량   ㉱ 기준중량 + 부가관성 중량

견인정수의 종류

(1) 실제량수법
- 현차수로 정하는 방법으로 가장 원시적인 방법이다.
(2) 실제톤수법
- 실제중량으로 정하는 방법이다. 단점으로는 열차저항이 반드시 열차중량에 비례하는 것이 아니므로 동일 중량의 열차라도 필요한 견인력이 달라질 수 있어 실제중량을 구하기 어렵고 취급이 복잡하다.
(3) 수정톤수법
- 객화차 저항이 전부중량에 비례하는 것이라고 가정할 경우 같은 저항을 부여하는 방법
(4) 인장봉하중법
- 인장봉견인력과 열차저항(가속도 저항 제외)이 대등하게 되는 객화차수를 견인정수로 하는 방법이다. 단점으로는 취급이 복잡하여 실무 적용이 어렵다.
(5) 환산량수법
- 현재 한국철도에서 사용하고 있는 견인정수법으로 차량의 환산량수에 의해 견인정수를 정하는 방법이다.
  ▶ 환산량수 = 차량중량/기준중량 = (차중+실적재중량)/기준중량
- 차량중량(차중+실적재중량): 승차인원 1인당 표준 = 75kg, 고속열차 승차율 = 100%, 기타열차 승차율 150%
- 기준중량: 기관차(단, 동력차는 관성중량 부과) 30톤, 동타 · 객차 40톤, 화차 43.5톤

$$환산구배(ic) = i + 700/R \ (구배 + 곡선)$$

예제 다음 중 견인정수를 환산량수법으로 사용할 때 화차의 기준중량으로 맞는 것은?

㉮ 30톤
㉯ 40톤
㉰ 43.5톤
㉱ 10톤

기준중량의 적용은 기관차는(단, 동력차는 관성중량 부가) 30톤, 동차 및 객차는 40톤, 화차는 43.5톤을 적용한다.

예제 다음 중 환산량수법에서 실적재중량 정할 때 승차인원 1인당 계산하는 표준중량은?

㉮ 62kg
㉯ 65kg
㉰ 70kg
㉱ 75kg

환산량수법에서 실적재중량을 정할 때 승차인원 1인당 75kg을 표준으로 한다.

`예제` 환산량수법에 대한 설명 중 맞는 것은?(기출문제)

㉮ 기준중량 ÷ 차량중량이다.

㉯ 승차 1인당 60kg으로 계산한다.

㉰ 고속철도(KTX)는 승차율 150%로 한다.

㉱ 객 · 화차는 자중 + 실적재 중량으로 계산한다.

`해설` ㉮ 환산량수=차량중량/기준중량이다.
　　㉯ 승차 1인당 75kg으로 계산한다.
　　㉰ 고속철도(KTX)는 승차율 100%로 한다.

`예제` 다음 중 다음 사정구배에 관한 설명으로 틀린 것은?

㉮ 운행선구의 최급구배를 말한다.

㉯ 운전선구의 최대의 견인력이 요구되는 구배이다.

㉰ 곡선저항을 포함한 구배이다.

㉱ 지배구배라고도 한다.

`해설` 어느 운전구간의 상구배 중 최대견인력이 요구되는 구배를 그 구간의 견인정수를 지배하는 구배(기울기)라 하여 제한구배 또는 지배구배, 사정구배라 한다.

`예제` 다음 중 사정구배에 관한 설명으로 틀린 것은?

㉮ 열차 운전취급 중 최대의 견인력을 필요로 하는, 저항이 가장 많은 구배를 말한다.

㉯ 각 동력차의 견인정수를 사정하기 위한 구배이다.

㉰ 사정구배(Ruling Grade)와 지배구배는 같다고 볼 수 있다.

㉱ 열차장을 고려하여 계산된 최대구배를 말한다.

`해설` 구배와 열차장을 고려하여 견인정수 산정을 위한 계산상의 최대구배는 등가구배라 한다.

`예제` 다음 중 사정구배상의 규정 속도를 정하는 의의로서 적절하지 않는 것은?

㉮ 견인정수를 사정하는 기준이 된다.

㉯ 동일속도의 열차는 어떠한 선구에서나 동일 최저속도를 유지하게 된다.

㉔ 열차사명에 따라 견인정수를 적당히 사정함으로써 경제적인 열차운전을 할 수 있다.
㉒ 전동기 회전력은 속도에 비례하므로 고속운전에 유리하다.

해설 전동기 회전력은 전류의 크기에 비례하여 발생한다.

예제 다음 중 견인정수 산정 시 고려하여야 할 사항으로 틀린 것은?
㉠ 열차의 사명　　　　　　　　　　㉡ 곡선 및 터널
㉢ 동력차 상태　　　　　　　　　　㉣ 상구배의 제동거리

해설 견인정수 산정 시 고려사항은 다음과 같다.
　① 열차사명
　② 선로의 상태: 상구배의 완급과 장단, 곡선 및 터널, 레일의 상태, 하구배의 제동거리
　③ 선로유효장 및 승강장 유효장
　④ 동력차상태: 동력차의 상태 및 견인시험, 사용연료 및 전차선 전압, 제한구배상의 인출조건, 전기차
　　의 온도상승 한도
　⑤ 기온

예제 견인정수 산정할 때 고려사항이 아닌 것은?
㉠ 열차사명　　　　　　　　　　　㉡ 선로의 상태
㉢ 객화차 상태　　　　　　　　　　㉣ 선로유효장 및 승강장 유효장

예제 다음 중 동력차가 발휘하는 유효견인력과 객화차의 열차저항이 균형을 이룰 때 등속도를 무엇이라 하는가?
㉠ 등가속도　　　　　　　　　　　㉡ 균형속도
㉢ 평균속도　　　　　　　　　　　㉣ 표정속도

해설 균형속도란 동력차가 발휘하는 유효견인력과 연결된 객화차의 열차저항이 균형을 이룰 때의 속도 즉, 등속도를 말한다.
　– 균형속도는 가속력의 값이 크고 적음에 따라 열차속도가 변하게 되는데 가속력의 값이 (+)일 경우에는 열차속도가 증가하고 (–)의 값을 가질 때는 감속력이라고도 하며 열차의 속도를 감속시킨다.
　– 또한 가속력과 감속력이 동일할 때에는 열차는 등속운전을 하게 되는데 이러한 등속 운전시의 속도를 균형속도라 한다.

예제 다음 중 균형속도 이상으로 운전할 수 있을 때 견인정수 산정에 고려하지 않는 구배는?

⑦ 사정구배   ⑭ 지배구배

⑭ 등가구배   ⑭ 가상구배

해설 가상구배는 구배구간을 운전하는 열차의 속도 변화를 구배로 환산하여 실제의 구배에 대수적으로 가산한 것을 가상구배라 한다. 열차속도가 감속되긴 하지만 그 가상구배를 균형속도 이상으로 운전할 수 있을 때에는 견인정수 산정에는 고려하지 않는다.

예제 구배정상의 속도가 운전계획상의 최저속도 이하일 때 견인정수 사정에 고려되는 구배는?

⑦ 사정구배   ⑭ 환산구배

⑭ 등가구배   ⑭ 가상구배

해설 가상구배를 균형속도 이상으로 운전할 수 있을 때는 견인정수 산정에는 고려하지 않는다. 그러나 구배정상의 속도가 운전계획상의 최저속도 이하일 때는 견인정수 산정에 고려하여야 한다.

참고
문헌

[국내문헌]

곽정호, 도시철도운영론, 골든벨, 2014.

김경유·이항구, 스마트 전기동력 이동수단 개발 및 상용화 전략, 산업연구원, 2015.

김기화, 김현연, 정이섭, 유원연, 철도시스템의 이해, 태영문화사, 2007.

박정수, 도시철도시스템 공학, 북스홀릭, 2019.

박정수, 열차운전취급규정, 북스홀릭, 2019.

박정수, 철도관련법의 해설과 이해, 북스홀릭, 2019.

박정수, 철도차량운전면허 자격시험대비 최종수험서, 북스홀릭, 2019.

박정수, 최신철도교통공학, 2017.

박정수·선우영호, 운전이론일반, 철단기, 2017.

박찬배, 철도차량용 견인전동기의 기술 개발 현황. 한국자기학회 학술연구발 표회 논문개요
　　집, 28(1), 14 – 16. [2], 2018.

박찬배·정광우. (2016). 철도차량 추진용 전기기기 기술동향. 전력전자학회지, 21(4), 27 – 34.

백남욱·장경수, 철도공학 용어해설서, 아카데미서적, 2003.

백남욱·장경수, 철도차량 핸드북, 1999.

서사범, 철도공학, BG북갤러리 ,2006.

서사범, 철도공학의 이해, 얼과알, 2000.

서울교통공사, 도시철도시스템 일반, 2019.

서울교통공사, 비상시 조치, 2019.

서울교통공사, 전동차구조 및 기능, 2019.

손영진 외 3명, 신편철도차량공학, 2011.

원제무, 대중교통경제론, 보성각, 2003.

원제무, 도시교통론, 박영사, 2009.

원제무·박정수·서은영, 철도교통계획론, 한국학술정보, 2012.

원제무·박정수·서은영, 철도교통시스템론, 2010.

이종득, 철도공학개론, 노해, 2007.

이현우 외, 철도운전제어 개발동향 분석 (철도차량 동력장치의 제어방식을 중심으로), 2018.

장승민·박준형·양진송·류경수·박정수. (2018). 철도신호시스템의 역사 및 동향분석. 2018.

한국철도학회 학술발표대회논문집, , 46−5276호, 국토연구원, 2008.

한국철도학회, 알기 쉬운 철도용어 해설집, 2008.

한국철도학회, 알기쉬운 철도용어 해설집, 2008.

KORAIL, 운전이론 일반, 2017.

KORAIL, 전동차 구조 및 기능, 2017.

[외국문헌]

Álvaro Jesús López López, Optimising the electrical infrastructure of mass transit systems to improve the

use of regenerative braking, 2016.

C. J. Goodman, Overview of electric railway systems and the calculation of train performance 2006

Canadian Urban Transit Association, Canadian Transit Handbook, 1989.

CHUANG, H.J., 2005. Optimisation of inverter placement for mass rapid transit systems by immune

algorithm. IEE Proceedings −− Electric Power Applications, 152(1), pp. 61−71.

COTO, M., ARBOLEYA, P. and GONZALEZ−MORAN, C., 2013. Optimization approach to unified AC/

DC power flow applied to traction systems with catenary voltage constraints. International Journal of

Electrical Power & Energy Systems, 53(0), pp. 434

DE RUS, G. a nd NOMBELA, G., 2 007. I s I nvestment i n H igh Speed R ail S ocially P rofitable? J ournal of

Transport Economics and Policy, 41(1), pp. 3−23

DOMÍNGUEZ, M., FERNÁNDEZ−CARDADOR, A., CUCALA, P. and BLANQUER, J., 2010. Efficient

design of ATO speed profiles with on board energy storage devices. WIT Transactions on The Built

Environment, 114, pp. 509-520.

EN 50163, 2004. European Standard. Railway Applications—Supply voltages of traction systems.

Hammad Alnuman, Daniel Gladwin and Martin Foster, Electrical Modelling of a DC Railway System with

Multiple Trains.

ITE, Prentice Hall, 1992.

Lang, A.S. and Soberman, R.M., Urban Rail Transit; 9ts Economics and Technology, MIT press, 1964.

Levinson, H.S. and etc, Capacity in Transportation Planning, Transportation Planning Handbook

MARTÍNEZ, I., VITORIANO, B., FERNANDEZ—CARDADOR, A. and CUCALA, A.P., 2007. Statistical dwell

time model for metro lines. WIT Transactions on The Built Environment, 96, pp. 1—10.

MELLITT, B., GOODMAN, C.J. and ARTHURTON, R.I.M., 1978. Simulator for studying operational

and power—supply conditions in rapid—transit railways. Proceedings of the Institution of Electrical

Engineers, 125(4), pp. 298—303

Morris Brenna, Federica Foiadelli, Dario Zaninelli, Electrical Railway Transportation Systems, John Wiley &

Sons, 2018

ÖSTLUND, S., 2012. Electric Railway Traction. Stockholm, Sweden: Royal Institute of Technology.

PROFILLIDIS, V.A., 2006. Railway Management and Engineering. Ashgate Publishing Limited.

SCHAFER, A. and VICTOR, D.G., 2000. The future mobility of the world population. Transportation

Research Part A: Policy and Practice, 34(3), pp. 171-205. · Moshe Givoni, Development and Impact of the Modern High－Speed Train: A review, Transport Reciewsm Vol. 26, 2006.

SIEMENS, Rail Electrification, 2018.

Steve Taranovich, Electric rail traction systems need specialized power management, 2018

Vuchic, Vukan R., Urban Public Transportation Systems and Technology, Pretice－Hall Inc., 1981.

W. F. Skene, Mcgraw Electric Railway Manual, 2017

[웹사이트]

한국철도공사 http://www.korail.com

서울교통공사 http://www.seoulmetro.co.kr

한국철도기술연구원 http://www.krii.re.kr

한국개발연구원 http://www.kdi.re.kr

한국교통연구원 http://www.koti.re.kr

서울시정개발연구원 http://www.sdi.re.kr

한국철도시설공단 http://www.kr.or.kr

국토교통부: http://www.moct.go.kr/

법제처: http://www.moleg.go.kr/

서울시청: http://www.seoul.go.kr/

일본 국토교통성 도로국: http://www.mlit.go.jp/road

국토교통통계누리: http://www.stat.mltm.go.kr

통계청: http://www.kostat.go.kr

JR동일본철도 주식회사 https://www.jreast.co.jp/kr/

철도기술웹사이트 http://www.railway－technical.com/trains/

저자소개

원제무

원제무 교수는 한양공대와 서울대 환경대학원을 거쳐 미국 MIT에서 도시공학 박사학위를 받고 KAIST 도시교통연구본부장, 서울시립대 교수와 한양대 도시대학원장을 역임한 바 있다. 그동안 대중교통론, 철도계획, 철도정책 등에 관한 연구와 강의를 해오고 있다. 요즘에는 김포대학교 석좌교수로서 도시철도시스템, 전동차구조 및 기능, 운전이론 강의도 진행 중에 있다.

서은영

서은영 교수는 한양대 경영학과, 한양대 공학대학원 도시·SOC계획 석사학위를 받은 후 한양대 도시대학원에서 '고속철도 개통 전후의 역세권 주변 용도별 지가 변화 특성에 미치는 영향 요인 분석'으로 도시공학박사를 취득하였다. 그동안 철도정책, 철도경영, 철도마케팅 강의와 연구논문을 발표해 오고 있다. 현재는 김포대학교 철도경영학과 학과장으로서 철도경영, 철도 서비스마케팅, 도시철도시스템, 운전이론 등의 과목을 강의하고 있다.

운전이론 | 운전이론개요 · 운전역학 · 동력차의 특성과 견인력 성능

초판발행	2020년 10월 20일
지은이	원제무·서은영
펴낸이	안종만·안상준
편 집	전채린
기획/마케팅	이후근
표지디자인	조아라
제 작	우인도·고철민
펴낸곳	(주) **박영사**
	서울특별시 금천구 가산디지털2로 53, 210호(가산동, 한라시그마밸리)
	등록 1959. 3. 11. 제300-1959-1호(倫)
전 화	02)733-6771
f a x	02)736-4818
e-mail	pys@pybook.co.kr
homepage	www.pybook.co.kr
ISBN	979-11-303-1115-9 93550

copyright©원제무·서은영, 2020, Printed in Korea

정 가   14,000원